Bewertung der Nachhaltigkeit chemischer Substanzen

Marian Mischke

Bewertung der Nachhaltigkeit chemischer Substanzen

Die Methode ‚SusDec'
als schutzgutbezogenes
Nachhaltigkeitsindikatorensystem

Mit einem Geleitwort von Prof. Dr. Ralf Pieper und
Prof. Dr. Joachim M. Marzinkowski

Marian Mischke
Potsdam, Deutschland

Dissertation an der Bergischen Universität Wuppertal, 2016

ISBN 978-3-658-16830-8   ISBN 978-3-658-16831-5   (eBook)
DOI 10.1007/978-3-658-16831-5

Die Deutsche Nationalbibliothek verzeichnet diese Publikation in der Deutschen National-
bibliografie; detaillierte bibliografische Daten sind im Internet über http://dnb.d-nb.de abrufbar.

Geleitwort

Die abnehmende Verfügbarkeit endlicher Ressourcen und der Klimawechsel erfordern ein Umdenken im Produktions- und Lebensstil insbesondere der Industriegesellschaften. Menschliches Handeln kann nicht mehr alleine am wirtschaftlichen Erfolg und Profit orientiert werden. Die Verschwendungssucht, die mit einer Benachteiligung der Schwächeren einhergeht, und die Suche nach Märkten von morgen müssen sich einem neuen Leitbild unterordnen, der nachhaltigen Entwicklung, durch die die Bedürfnisse und Lebensbedingungen für alle Menschen, weltweit und für künftige Generationen auf eine faire Basis gestellt und unter dauerhaftem Erhalt der lebensnotwendigen Ressourcen fortschreitend verbessert werden.

Dieser Anspruch an die Verantwortung für die Zukunft setzt voraus, dass jetzt die Rahmenbedingungen festgelegt werden, die immer wieder hinsichtlich einer nachhaltigen Entwicklung zu überprüfen und anzupassen sind. Für Produktionsbetriebe heißt dies, dass sie die bestehenden Herstellverfahren ihrer Produkte zur Ressourceneffizienz und zu den ökologischen und sozialen Wirkungen zumindest für die Systemgrenzen ihrer Möglichkeiten der Einflussnahme einem kontinuierlichen Evaluationsprozess unterziehen. Dafür sind Kennzahlen erforderlich, mit deren Hilfe eine Quantifizierung der Zielsetzungen und eine Überprüfung der Fortschritte möglich sind. Für die chemische Industrie ist darüber hinaus die Entwicklung der Chemikalienpolitik und des Chemikalienrechts von maßgeblicher Bedeutung. Nicht die Einhaltung von Grenzwerten, sondern vielmehr ein vorausschauender, verantwortlicher Umgang mit chemischen Stoffen mit dem Gebot der Vermeidung oder zumindest Verminderung von Verlusten, Emissionen und die Gesundheit gefährdenden Eigenschaften stehen bei einer nachhaltigen Betrachtung an vorderster Stelle. Die Bewertung chemischer Stoffe unter diesen Aspekten, die Untersuchung von Bemessungsgrößen zur Nachhaltigkeit aus heutiger Sicht und die Entwicklung von in die Zukunft gerichteten Methoden zur Bestimmung der Nachhaltigkeit sind das zentrale Anliegen der vorliegenden Dissertation von Marian Mischke.

Ziel der Arbeit ist die Entwicklung eines integrativen Indikatorsystems und einer Meta-Methode für die Untersuchung und Bewertung der Nachhaltigkeit von Produktsystemen von Chemikalien. Damit ist eine Darstellung gelungen, die die wesentlichen Aspekte der heutigen Nachhaltigkeitsdiskussion erfasst und die gesellschaftlichen, industriellen und politischen Ansätze, Maßnahmen und Erkenntnisse einbezieht. Mit Kritik an bestehenden Zielen zur Nachhaltigkeit, die sich in der derzeitigen Auseinandersetzung und Bewertung vornehmlich auf die Ressourcenverfügbarkeit und auf eine Klimabeeinflussung beschränkt, wird nicht gespart.

Auf der Basis vorliegender Ansätze und Konzept entwickelt Marian Mischke eine neue, integrierte Methode zur Nachhaltigkeit von Chemikalien: „Sustainable Decisio" (SusDec). Sie bezieht sich auf Schutzgüter, soll ein eindeutiges Ergebnis erzeugen, Belastungen normieren und priorisieren. Damit soll Unternehmern eine Entscheidungshilfe zu „nachhaltigen Produkten" gegeben werden. Marian Mischke ist es gelungen, eine Methode zur Erzeugung von Nachhaltigkeitsindikatoren zu entwickeln, die gegenläufige Aspekte und auch die Komplexität einer Nachhaltigkeitsbewertung einschließt und zu einer übersichtlichen Darstellung der Mehrbelastungen von zwei miteinander verglichenen Produkten/Verfahren und einer sinnvollen Priorisierung als Entscheidungshilfe führt. Damit wurde eine Arbeit vorgelegt, die als großer Beitrag zur Nachhaltigkeitsforschung anzuerkennen ist.

Prof. Dr. Joachim M. Marzinkowski   Prof. Dr. Ralf Pieper

Vorwort

Die vorliegende Arbeit entwickelt eine Methode zur Bewertung der Nachhaltigkeit chemischer Substanzen. Als Grundlage für das heutige Verständnis der Nachhaltigkeit gilt die Brundtland-Definition aus den 1990er-Jahren. Diese beschränkt sich nicht nur auf den Bereich des Schutzes der Umwelt, sondern geht darüber hinaus und betrachtet das „magische Dreieck" aus ökologischen, ökonomischen und sozialen Aspekten.

Der Einsatz chemischer Substanzen soll in diesem Zusammenhang mit möglichst wenigen Auswirkungen bei der Herstellung, der Verwendung und der Entsorgung verbunden sein. Besonderes Gewicht erhält in diesem Zusammenhang das Instrument der Stoffsubstitution, bei der ein gefährlicher Stoff gegen einen weniger gefährlichen ausgetauscht wird. Dieses Instrument gilt unter anderem im Europäischen Chemikalienrecht. Die einschlägige REACh-Verordnung legt Bewertungskriterien begründet auf Toxizität und Ökotoxizität fest, wobei gleichzeitig Zielsetzung der Verordnung ist, die nachhaltige Entwicklung zu fördern. Allerdings würde bei den geltenden Bewertungskriterien eine zwar hinsichtlich ihrer Toxizität und Ökotoxizität gefährlichere, bei Berücksichtigung aller Nachhaltigkeitsgesichtspunkte aber dennoch günstigere Chemikalie gegen eine weniger giftige aber auch weniger nachhaltige ausgetauscht.

Vor Beginn der Entwicklung einer Methode zur Bewertung der Nachhaltigkeit war zu klären, was der Begriff der Nachhaltigkeit eigentlich bedeutet und wie er in die Praxis umgesetzt werden kann. Also: Wie gestaltet man eine Methode zur Untersuchung und Bewertung der Nachhaltigkeit chemischer Substanzen? Nahezu Einigkeit besteht bei allen Beteiligten, wenn es darum geht, ob die Nachhaltigkeit im alltäglichen Leben eine Rolle spielt und der abstrakte Begriff umgesetzt werden soll. Ebenso schnell erkennt man aber auch die Uneinigkeit über Fragen der Operationalisierung des Begriffs der Nachhaltigkeit, ein angemessenes Maß an Verdichtung, das Verhältnis der einzelnen Dimensionen der Nachhaltigkeit untereinander und die Gewichtung einzelner Aspekte der Nachhaltigkeit. Insoweit wurde eine Methode entwickelt, die die aktuellen Entwicklungen berücksichtigt und auf das Vorgehen allgemein anerkannter Methoden setzt.

Herrn Prof. Dr. rer. pol. Ralf Pieper, Leiter des Fachgebietes Sicherheitstechnik / Sicherheits- und Qualitätsrecht an der Bergischen Universität Wuppertal, möchte ich für die Möglichkeit der Bearbeitung des Themas im Rahmen dieser Arbeit danken. Bereits vor dem „Projekt" Dissertation lernten wir uns durch Beiträge in der Fachzeitschrift „sicher ist sicher" kennen, bei der er die Schriftleitung inne hat. Durch die Sicht des Ökonoms auf die Arbeit ergaben sich viele spannende Diskussionspunkte und andere Perspektiven auf die unterschiedlichen Ansätze. In den verschiedenen Phasen dieser Arbeit wurde ich durchgehend professionell begleitet. Er stand mir bei Fragen und Anregungen unmittelbar zur Seite. Prof. Pieper gewährte mir die erforderliche Freiheit, die zum Gelingen der Arbeit mit beitrug.

Herrn Prof. Dr. rer. nat. Joachim Michael Marzinkowski, dem ehemaligen Leiter des Fachgebiets Sicherheitstechnik/Umweltchemie an der Bergischen Universität Wuppertal, gilt ebenso mein Dank. Aufgrund der Ausrichtung meines Studiums auf die Umweltchemie hatten wir sofort eine Basis für den gemeinsamen Weg und eine Übereinstimmung über die zu erreichenden Ziele. In zahlreichen Diskussionen konnte die vorliegende Arbeit mit praxisnahen Beispielen versehen werden. Ich bin für diese wertvolle fachliche und persönliche Unterstützung sehr dankbar.

Mein besonderer Dank gilt Herrn Dr.-Ing. Robert Ackermann, der mich seit dem Grundstudium als wissenschaftlicher Assistent des Fachgebiets „Systemumwelttechnik" bzw. später „Sustainable Engineering" auf meinem Weg an der TU Berlin begleitete. Er motivierte mich, eine Dissertation zu verfassen und stand mir über eine lange Zeit im Rahmen der Vorarbeiten für dieses Projekt mit seinem Rat zur Verfügung. Durch seine persönliche Zugewandtheit und die intensive und gleichzeitig warmherzige Betreuung wurde das Projekt erst ermöglicht.

Ich möchte mich darüber hinaus bei all jenen bedanken, die mich während dieser Arbeit unterstützten und sie somit ermöglicht haben. Dieser Dank gebührt insbesondere meinen Eltern und meiner Frau, die für das Studium Belastungen auf sich nahmen und mir auch während der Anfertigung der Doktorarbeit stets unterstützend und liebevoll zur Seite standen.

Berlin, im August 2016

Marian Mischke

Inhaltsverzeichnis

Abbildungsverzeichnis

Abkürzungsverzeichnis

°C	Grad Celsius
AEUV	Vertrag über die Arbeitsweise der Europäischen Union
AG	Aktiengesellschaft
AGG	Allgemeines Gleichbehandlungsgesetz
Art	Artikel
BauGB	Baugesetzbuch
BBP	Benzylbutylphthalat
BImSchG	Bundesimmissionsschutzgesetz
BIP	Bruttoinlandsprodukt
BNatSchG	Bundesnaturschutzgesetz
BUND	Bund für Umwelt und Naturschutz e.V.
CLP-Verordnung	EU-Verordnung zur Einstufung, Kennzeichnung und Verpackung von Chemikalien (Regulation on Classification, Labelling and Packaging of Substances and Mixtures)
cm	Zentimeter
CMR	Karzinogen, mutagen, reprotoxisch (krebserzeugend, erbgutverändernd, fortpflanzungsgefährdend)
CO_2	Kohlenstoffdioxid
CoRAP	Fortlaufender Aktionsplan der Gemeinschaft (Community Rolling Action Plan)
CSA	Stoffsicherheitsbewertung (Chemical Safety Assessment)
CSD	Kommission der Vereinten Nationen für Nachhaltige Entwicklung (The United Nations Commission on Sustainable Development)
DBP	Dibutylphthalat
DEHP	Bis(2-ethylhexyl)phthalat
DIN	Deutsches Institut für Normung e.V.
DNEL	Grenzwert, unterhalb dessen der Stoff keine Wirkung auf den Menschen ausübt (Derived No-Effect Level)
DNR	Deutscher Naturschutzring

DPSIR	Modell zur Darstellung von Umweltbelastungen und Umweltschutzmaßnahmen (Abkürzung für Driving forces, Pressures, States, Impacts and Responses)
EChA	Europäische Chemikalienagentur (European Chemicals Agency)
EG	Europäische Gemeinschaft
EMAS	Gemeinschaftssystem für das Umweltmanagement und die Umweltbetriebsprüfung (Eco-Management and Audit Scheme)
EMKG	Einfaches Maßnahmenkonzept Gefahrstoffe
ES	Expositionsszenario
EU	Europäische Union
EU-K2	EU-Kategorie K2 nach CLP-Verordnung
EU-M3	EU-Kategorie M3 nach CLP-Verordnung
EU-RF3	EU-Kategorie RF3 nach CLP- Verordnung
EUR	Euro
EWG	Europäische Wirtschaftsgemeinschaft
FCKW	Fluorchlorkohlenwasserstoffe
FuE	Forschung und Entwicklung
GefStoffV	Gefahrstoffverordnung
GG	Grundgesetz
GHS	Global harmonisiertes System zur Einstufung und Kennzeichnung von Chemikalien (Globally Harmonized System of Classification, Labelling and Packaging of Chemicals)
GWP	Treibhauspotential (Global Warming Potential)
HBCDD	Hexabromcyclododecan
HIA	Gesundheitliche Folgenabschätzung (Health Impact Analysis)
ISO	Internationale Organisation für Normung (International Organization for Standardization)
IVU-Richtlinie	EU-Richtlinie über die integrierte Vermeidung und Verminderung der Umweltverschmutzung
KMR	siehe CMR
KMU	Kleine und mittlere Unternehmen
KrW-AbfG	Kreislaufwirtschafts- und Abfallgesetz
KrWG	Kreislaufwirtschaftsgesetz
LCA	Ökobilanz (Life Cycle Assessment)
LCC	Lebenszykluskostenrechnung (Life Cycle Costing)
LCSA	Lebenszyklusbasierte Nachhaltigkeitsbewertung

	von Produkten (Life Cycle Sustainability Assessment)
LCSD	Instrumententafel zur lebenszyklusbasierten Nachhaltigkeitsbewertung von Produkten (Life Cycle Sustainability Dashboard)
MDA	4,4'-Diaminodiphenylmethan
NABU	Naturschutzbund Deutschland e.V.
NGO	Nichtregierungsorganisation (Non-governmental organization)
NMVOC	Flüchtige organische Verbindungen (non-methane volatile organic compounds)
ODS	Ozonabbauende Substanzen (Ozone-depleting Substances)
OECD	Organisation für wirtschaftliche Zusammenarbeit und Entwicklung (Organization for Economic Cooperation and Development)
ÖRA	Ökologische Risikoanalyse
PBT	Persistente, bioakkumulierende und toxische Stoffe
PEC	Erwartende Konzentration des Stoffes in der Umwelt (Predicted Environmental Concentration)
PM 10	Feinstaub (PM10) bezeichnet die Masse aller im Gesamtstaub enthaltenen Partikel, deren aerodynamischer Durchmesser kleiner als 10 µm ist.
PNEC	Vorausgesagte Konzentration eines in der Regel umweltgefährlichen Stoffes, bis zu der sich keine Auswirkungen auf die Umwelt zeigen (Predicted No Effect Concentration)
POEMS	Produktorientierte Umweltmanagementsysteme (Product-Oriented Environmental Management Systems)
REACh	EG-Verordnung zur Registrierung, Bewertung und Zulassung von Chemikalien (Registration, Evaluation, Authorisation of Chemicals)
RL	Richtlinie
ROG	Raumordnungsgesetz
SA	Nachhaltigkeitsbewertung (Sustainability Assessment)

SEA	Strategische Umweltprüfung (Strategic Environmental Assessment)
SETAC	Gesellschaft für Umwelttoxikologie und Chemie (Society of Environmental Toxicology and Chemistry)
SGB V	Sozialgesetzbuch Fünftes Buch
SIA	Bewertung der gesellschaftlichen Auswirkungen (Social Impact Assessment)
SLCA	Soziale Lebenszyklusanalyse (Social Life Cycle Assessment)
SRU	Sachverständigenrat für Umweltfragen
SVHC	Besonders besorgniserregende Stoffe (Substances with Very High Concern)
TRGS	Technische Regeln für Gefahrstoffe
UBA	Umweltbundesamt
UN	Vereinte Nationen (United Nations)
UNEP	Umweltprogramm der Vereinten Nationen (United Nations Environment Programme)
UVPG	Gesetz über die Umweltverträglichkeitsprüfung
vPvB	Sehr persistente und sehr bioakkumulierbare Stoffe
WBCSD	Weltwirtschaftsrat für Nachhaltige Entwicklung (World Business Council for Sustainable Development)
WHG	Wasserhaushaltsgesetz
WHO	Weltgesundheitsorganisation (World Health Organization)

1 Einleitung

Der Mensch lebt in einem Geflecht von Wechselwirkungen mit seiner Umwelt. Jedes menschliche Handeln erzeugt deshalb Auswirkungen auf die Umwelt [ZIEBERTZ, 2011]. Die Auswirkungen können dabei lokale, regionale und globale Dimensionen annehmen. Untersuchungen zu diesen Auswirkungen wurden früher nicht angestellt. Erst nach verschiedenen Unfällen mit erheblichen regionalen und zum Teil auch globalen Auswirkungen rückte in der näheren Vergangenheit immer mehr die Erkenntnis in die Mitte der Gesellschaft, dass sich eine Veränderung im Verhalten des Menschen [THIEM, 2013] einstellen muss. Die menschliche Nutzung von vielen wichtigen Ressourcen und die Erzeugung von vielen Arten von Schadstoffen haben bereits einen Umfang überschritten, der physisch nachhaltig ist [FINKBEINER et. al., 1999]. Daher sind Änderungen im Verhalten und Denken der Menschheit unverzichtbar. Denn eine gesunde menschliche Existenz ist von Mindestanforderungen an das sie umgebende Ökosystem abhängig [KLÖPFFER/GRAHL, 2012]. Hierzu gehört unter anderem auch die Existenz benötigter Ressourcen.

Je nach Lebensstil variieren die aus ihm resultierenden Auswirkungen auf das Ökosystem und damit die Umweltfolgen stark [SCHMIDT, 2007]. So waren die von den steinzeitlichen Jägern und Sammlern verursachten Umweltauswirkungen zu vernachlässigen. Der heutige Mensch in seiner hochtechnisierten Welt hinterlässt dagegen deutliche Spuren im Ökosystem [KÜSTER, 2012]. Technologien können einerseits zu einer nachhaltigen Entwicklung beitragen und andererseits Nachhaltigkeitsprobleme verursachen [FLEISCHER/ GRUNWALD, 2002]. Drastische Umweltfolgen können dazu führen, dass bestimmte Anforderungen an das Ökosystem für jetzige und künftige Generationen nicht mehr erfüllt werden. Als Beispiel ist das Areal rund um die japanische Stadt

Fukushima zu nennen. Nach dem Reaktorunfall ist menschliches Leben ohne Schutzmaßnahmen dort zurzeit nicht möglich. Damit kann die menschliche Existenz durch drastische Umweltfolgen gefährdet werden.

Der Fortbestand der menschlichen Spezies steht also in Abhängigkeit von einem Rahmen von Varianten des Zustands des Ökosystems. Einige Bedingungen an Varianten dieses Systems sind obligatorisch, andere fakultativ. Ziel muss es also sein, die Lebensbedingungen nicht nur kurzfristig sondern auch für künftige Generationen zu verbessern und damit einen Beitrag zur nachhaltigen Entwicklung zu leisten.

Die verschiedenen Ansätze des Umdenkens können augenblicklich in der Idee der nachhaltigen Entwicklung zusammengefasst werden [BOLZ, 2005]. Seit zwei Jahrzehnten wird dieser Begriff nun diskutiert und hat inzwischen alle Ebenen des Lebens erreicht. Der Ansatz der nachhaltigen Entwicklung ist als erstrebenswertes Ziel allgemein anerkannt. Dies gilt für die Vereinten Nationen, die einzelnen Nationalstaaten, Nichtregierungsorganisationen und inzwischen auch die Unternehmen [REIS, 2003].

Der Ansatz der Nachhaltigkeit als solcher ist kein neuer, auch wenn es immer noch keine universelle Definition für die Nachhaltigkeit gibt. Der Begriff der Nachhaltigkeit ist ein Begriff im Angesicht von Krisen [GROBER, 2010]. Die Anfänge liegen in den Arbeiten Descartes', der die Aufgabe des Menschen darin sieht, sich der Natur zu unterwerfen [BETZ, 2011]. Sein Schüler Spinoza formuliert, dass die Menschen danach streben „ihr Sein zu erhalten und alle zumal den gemeinsamen Nutzen aller für sich selbst suchen" [SPRUIT/TOTARO, 2011]. Im Bereich der Forstwirtschaft des 18. Jahrhunderts wurde durch den Oberberghauptmann von Carlowitz der Begriff der Nachhaltigkeit als Anweisung zu rücksichtsvoller und das Wohl kommender Generationen im Auge behaltender Waldnutzung eingeführt [GROBER, 2001]. Er bestimmt, dass nicht mehr Baumbestand abgeholzt werden soll, als in der gleichen Zeit nachwächst [HASEL/SCHWARTZ, 2002]. Die nachhaltige Nutzung na-

türlicher Ressourcen ist ein wichtiger Schritt in Richtung einer nachhaltigen Entwicklung unserer Gesellschaft.

Diese Problematik wurde von internationalen Organisationen erkannt
und es wurde allgemein anerkannt der Ansatz der nachhaltigen Entwicklung eingeführt [KORFF, 1995]. Nachhaltigkeit besteht nach dem heutigen Verständnis aus den folgenden drei Komponenten: Ökologie, Ökonomie und Soziales [DEUTSCHER BUNDESTAG, 2002]. Nachhaltigkeit
tritt dort auf, wo die drei Komponenten im Gleichgewicht sind. Die heute
aktuelle Definition für „Nachhaltige Entwicklung" findet sich an zwei Stellen des Brundtland-Berichts aus dem Jahre 1987 [UNITED NATIONS,
1987].

- „Nachhaltige Entwicklung ist Entwicklung, die die Bedürfnisse
  der Gegenwart befriedigt, ohne zu riskieren, dass künftige Generationen ihre eigenen Bedürfnisse nicht befriedigen können."

- „Im Wesentlichen ist nachhaltige Entwicklung ein Wandlungs-
  prozess, in dem die Nutzung von Ressourcen, das Ziel von Investitionen, die Richtung technologischer Entwicklung und insti-
  tutioneller Wandel miteinander harmonieren und das derzeitige
  und künftige Potential vergrößern, menschliche Bedürfnisse und
  Wünsche zu erfüllen."

Dieser Ansatz ist allgemein anerkannt und schlägt sich in Initiativen wie
dem „International Panel for Sustainable Resource Management" des
Umweltprogramms der Vereinten Nationen (UN: United Nations) und der
„Thematic Strategy on the Sustainable Use of Natural Resources" der
Europäische Kommission (EU-Kommission) nieder [BERGER/ FINK-
BEINER, 2010].

Der Begriff der Nachhaltigkeit ist also die Grundlage zum Überleben der
Menschheit [GROBER, 2010]. Aus diesen international anerkannten
Definitionen lässt sich ein anthropozentrischer Ansatz der Nachhaltigkeit
ableiten. Menschliche Bedürfnisse sollen befriedigt werden, wobei die

gerechte Verteilung zwischen und innerhalb der Generationen berücksichtigt werden muss [BOLZ, 2005]. Aus diesen Überlegungen lässt sich folgern, dass unterschiedliche Perspektiven der Nachhaltigkeit existieren. Einflüsse durch Produkte oder Dienstleistungen können lokale, regionale oder globale Auswirkungen haben [ENGELHARD, 1998] und müssen daher in der Untersuchung der Nachhaltigkeit ebenfalls derart differenziert betrachtet werden. Auch in diesem Bereich werden durch die Vereinten Nationen Anstrengungen unternommen, um entsprechende Datenbanken international einheitlich zu pflegen und einen Zugriff zu ermöglichen [FINKBEINER2, 2010].

Der heutige Lebensstil führt in vielen Gebieten der Erde zu drei wesentlichen Problemen [GROBER, 2010]. Das erste Problem liegt darin, dass die natürlichen Ressourcen übermäßig genutzt werden. Dies führt dazu, dass die kommenden Generationen nicht die gleichen Möglichkeiten der Lebensführung erhalten werden, die die heutige Generation hat. Das zweite Problem ist die ungleiche Verteilung von Ressourcen innerhalb der Generation, die mit einer ungleichen Verteilung der Möglichkeiten der Lebensführung einhergeht. Dies führt zu Konflikten zwischen den verschiedenen Gemeinwohlen. So werden immer wieder Szenarien entworfen, die von Kriegen ausgehen, die die Versorgung mit Wasser in ausreichender Qualität zum Hintergrund haben [PUTZIER, 2012]. Das dritte Problem ist ein fehlendes Bewusstsein für Fehler, die in der Vergangenheit begangen wurden und die - weil sie nicht als Fehler identifiziert wurden - in der Gegenwart und Zukunft weiter begangen werden. Dies wiederum verschlechtert die Möglichkeiten der aktuellen und der künftigen Generationen [GROBER, 2010].

Der Begriff der Hoffnung entsteht aus der Angst um einen Menschen, eine Sache oder eine Entwicklung [KÖRTNER, 1988]. Das Gegenteil zur Hoffnung aber ist die Gleichgültigkeit [WIESEL, 1987]. Die Politik der Industriestaaten gegenüber dem Rest der Welt war bis zu der oben genannten Konferenz bei den Vereinten Nationen eben durch diese

Gleichgültigkeit geprägt. Gleichzeitig verband sich diese Gleichgültigkeit mit der Apokalypseblindheit des Menschen [ANDERS, 2002]. Nach AN-DERS' Ausführungen wird der Mensch durch seine Erfindungen wie beispielsweise der Atombombe paradoxerweise „größer und kleiner als er selbst". Das heißt, es ist dem Menschen möglich, durch kleinste Entscheidungen Millionen andere zu vernichten. Übertragen auf die Nachhaltigkeit und den anthropozentrischen Ansatz der Nachhaltigkeit bedeutet dies, dass die Gleichgültigkeit überwunden werden muss, damit sich die Hoffnung auf ein langfristiges Überleben der Menschheit entwickeln kann. Die Entscheidungen, die Gesellschaften im technologischen Bereich treffen, können dramatische Auswirkungen auf die gegenwärtige und künftige Generationen haben. Hier hat die Idee der Nachhaltigkeit, die in verschiedenen Ebenen Einzug in die Gesellschaft, die Politik und bei den Industriestaaten letztendlich in die Gesetzgebung gehalten hat, bereits erste Schritte in Richtung Hoffnung gebracht.

In der Europäischen Union (EU) ist die Förderung der nachhaltigen Entwicklung eine entscheidende Zielsetzung im Bereich des Umweltrechts. So enthält beispielsweise die Verordnung (EG) Nr. 1907/2006 als unmittelbar in den Mitgliedsstaaten der EU geltende Rechtsvorschrift zur Registrierung, Bewertung, Zulassung und Beschränkung chemischer Stoffe (REACh) die Forderung, dass bei der Angleichung der Rechtsvorschriften für Stoffe ein hohes Schutzniveau für die menschliche Gesundheit und die Umwelt mit dem Ziel einer nachhaltigen Entwicklung sichergestellt werden soll. Hierfür wurden verschiedene Instrumente eingeführt, die die Erfüllung der Zielsetzung ermöglichen sollen. Ein wichtiges Instrument ist in diesem Zusammenhang die Stoffsubstitution. Hier wird ein gefährlicher Stoff gegen einen weniger gefährlichen Stoff ausgetauscht. Diese Entscheidung darf aus Sicht der Nachhaltigkeit nicht - wie bisher üblich - allein auf toxikologischer Basis erfolgen, sondern die nachhaltige Performance der beiden Produktsysteme muss miteinander verglichen und das bessere Produktsystem weiter genutzt werden.

Der abstrakte Begriff der nachhaltigen Entwicklung als politisches Ziel muss in der Praxis für Anwendungsfälle handhabbar gemacht werden. Für die Bestimmung der Nachhaltigkeit gilt Ähnliches wie für die Definition der Nachhaltigkeit. Es gibt kein universelles Konzept oder eine universelle Methode zur Messung der Nachhaltigkeit. Deshalb müssen Methoden entwickelt und ggf. angepasst werden, die die Nachhaltigkeit messbar werden lassen. Mit Hilfe derartiger Methoden kann die Analyse und die Bewertung der Nachhaltigkeit von Produkten und Dienstleistungen vorgenommen werden. Nur anhand vergleichbarer Resultate der Bewertungen kann dann das „nachhaltigere" Produkt ausgewählt und ein Schritt hin zur nachhaltigen Entwicklung gegangen werden.

Nachhaltigkeit enthält eine unüberschaubare Anzahl von Einzelaspekten. Um eine Vergleichbarkeit auch nur ansatzweise möglich zu machen, müssen diese Einzelaspekte aus Gründen der Praktikabilität auf eine überschaubare Anzahl von übergeordneten Aspekten aus dem ökologischen, ökonomischen und sozialen Bereich verdichtet und quantifizierbar gemacht werden. Die Quantifizierung erfolgt über die Einführung von Indikatoren, die den Einzelaspekt repräsentieren [COENEN, 2000]. Dabei ist die jeweilige Gesellschaft durch die Anforderungen an das Ökosystem limitiert und gibt sich soziale und ökonomische Regeln, wie die menschliche Existenz gesichert werden kann. Mit den ökonomischen Regeln wird die formale finanzielle Aufwandsverteilung ermittelt [GRUNWALD, 2010].

Bei den sozialen Regeln handelt es sich um gesellschaftliche Entscheidungen, die getroffen wurden, um in der Zukunft mögliche Systeme beurteilen zu können. Anhand dieser Regeln erfolgen die Auswahl entsprechender Einzelaspekte und die Auswahl aussagekräftiger Indikatoren. Die Nachhaltigkeit wird somit verdichtet und quantifiziert [COENEN, 2000].

In der Vergangenheit existierten für die Bewertung der Dimensionen der Nachhaltigkeit einzelne Methoden (Life Cycle Assessment (LCA), Life

Cycle Costing (LCC), Social Life Cycle Assessment (SLCA)), die jeweils nur einzelne Dimensionen der Nachhaltigkeit behandelten. Eine separate Abarbeitung der Methoden ist für die Nachhaltigkeitsbewertung einzelner Produktsysteme aber nicht zielführend, weil mögliche Wechselwirkungen zwischen den Dimensionen der Nachhaltigkeit und Fragen der Verteilungsgerechtigkeit möglicherweise nicht erkannt werden. Neuerdings existiert das Konzept der LCSA (Life Cycle Sustainability Assessment). Dieses Konzept beschreibt eine Kombination aus den oben genannten einzelnen Methoden zur Nachhaltigkeitsanalyse von Produkten und Dienstleistungen. Es werden die potentiellen ökologischen, ökonomischen und sozialen Auswirkungen entlang des Lebenswegs eines Produktes oder einer Dienstleistung analysiert und bewertet [UNEP/SETAC, 2011]. Zurzeit liegen nur eine überschaubare Anzahl solcher Untersuchungen vor. Das Konzept muss noch mit entsprechenden Untersuchungen ausgefüllt, in der Praxis angewendet und möglicherweise modifiziert werden.

Von Chemikalien können entlang der einzelnen Phasen des Lebensweges teils erhebliche Gefährdungen für verschiedene Stakeholder auftreten. Aus diesem Grund wird das Inverkehrbringen von Chemikalien auf dem europäischen Binnenmarkt durch den europäischen Gesetzgeber geregelt (vgl. Verordnung (EG) Nr. 1907/2006). Die chemische Industrie ist in Deutschland der drittgrößte Industriezweig und hatte im Jahr 2012 einen Umsatz von 186,8 Milliarden Euro [STATISTA, 2014]. Insoweit ist die nachhaltige Produktion von Chemikalien besonders relevant.

Es muss ein integrativer Ansatz für die Bewertung der Nachhaltigkeit von Produkten und Dienstleistungen gefunden werden [DEUTSCHER BUNDESTAG, 2002]! Mit dieser Methode könnte dann auch die Substitutionsentscheidung im Rahmen der REACh-Verordnung fundiert durchgeführt und das eigentliche Ziel der Förderung einer nachhaltigen Entwicklung erreicht werden.

2 Zielsetzung

Mit dieser Arbeit wird ein integratives Indikatorensystem für Nachhaltig-
keitsindikatoren entwickelt, das den Vergleich zweier Produktsysteme im
Chemikalienbereich - und damit die Auswahl des nachhaltigeren Produk-
tes - ermöglicht. Die Praktikabilität wird anhand eines aktuell relevanten
Anwendungsbeispiels (Substitutionsprüfung nach der REACh-
Verordnung) gezeigt (siehe Abbildung 2.1).

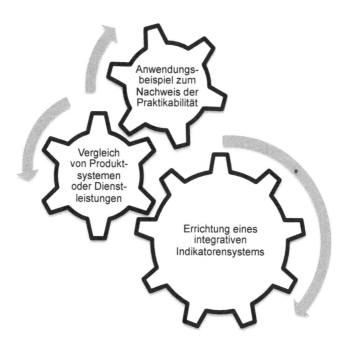

Abbildung 2.1: Visualisierung der Zielsetzung

Damit wird eine Meta-Methode für die Untersuchung und Bewertung der
Nachhaltigkeit von Produktsystemen von Chemikalien entwickelt; diese
wird in einem Anwendungsbeispiel als konkrete Methode zur Überprüfung der Nachhaltigkeitseigenschaften der Produktsysteme eines Ausgangsstoffes und eines Substitutionskandidatenstoffes herangezogen.

Die vergleichende Analyse beider Produktsysteme führt zu einer Entscheidung für oder gegen eine Substitution im Regelungsbereich der REACh-Verordnung.

2.1 Teilziele der Entwicklung einer neuen Methode zur Bewertung der Nachhaltigkeit von Chemikalien

In diesem Unterkapitel werden die bei der Entwicklung der neuen Methode angestrebten Teilziele und der Nutzen der Methode sowie die neuen Aspekte, die mit dieser Arbeit verbunden sind, dargestellt:

1. Analyse und Nutzung der im Bereich der Nachhaltigkeitsforschung zur Untersuchung und Bewertung der Nachhaltigkeit von Produkten bei vergleichenden Analysen vorhandenen Erkenntnisse
   a. Auswahl eines geeigneten Vorgehens bei der Untersuchung und Bewertung der Nachhaltigkeit von Produkten
   b. Erzeugung eines Systems mit Nachhaltigkeitsindikatoren, das eine gesamtheitliche, integrative Untersuchung und Bewertung aller Nachhaltigkeitsdimensionen ermöglicht
   c. Auswahl geeigneter Nachhaltigkeitsindikatoren
   d. Definition von Untersuchungsrahmen und Ziel der Untersuchung
2. Analyse und Nutzung der Erkenntnisse und Methoden im Bereich der nachhaltigen bzw. Grünen Chemie
   a. Analyse vorhandener Konzepte im Bereich der nachhaltigen Chemie
   b. Kritische Bewertung und Transformation geeigneter Erkenntnisse in die zu entwickelnde Methode
3. Anwendung der zu entwickelnden Methode in einem relevanten Themenfeld

a. Substitutionsprüfung im Rahmen der REACh-Verordnung

b. Beurteilung und Interpretation der zu entwickelnden Methode

Abbildung 2.2 zeigt die drei bei der Entwicklung der neuen Methode angestrebten Teilziele dieser Arbeit:

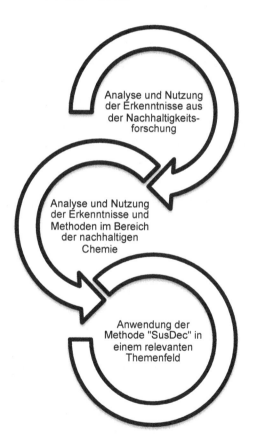

Abbildung 2.2: Darstellung der drei bei der Entwicklung der neuen Methode angestrebten Teilziele

Mit dem ersten Teilziel beschäftigt sich das Kapitel 3 dieser Arbeit. Hier werden die verschiedenen Ansätze zur nachhaltigen Entwicklung vorge-

stellt sowie geeignete Methoden und Ansätze für die zu entwickelnde
Methode identifiziert. Die Erzeugung des Nachhaltigkeitsindikatoren-
systems unter Berücksichtigung der gewonnenen Erkenntnisse ist in
Kapitel 5 dargestellt. Es ist eng mit der Definition des Untersuchungsrahmens und dem Ziel der Untersuchung und Bewertung verknüpft. Beide werden ebenfalls in Kapitel 5 erläutert. Der theoretische Ansatz der
nachhaltigen Entwicklung muss für die Praxis ausgefüllt - also operationalisiert - werden. Neben der ökologischen und der ökonomischen Dimension der Nachhaltigkeit darf die soziale Dimension nicht in ihrer Bedeutung vernachlässigt werden. Hierauf ist bei der Gestaltung des
Nachhaltigkeitsindikatorensystems besonderes Augenmerk zu legen.
Insoweit werden die verfügbaren Ansätze fortentwickelt. Durch die Entwicklung der zu schaffenden Methode als vergleichende Methode zur
Untersuchung und Bewertung von Chemikalien mittels eines Nachhaltigkeitsindikatorensystems, das alle Dimensionen der Nachhaltigkeit berücksichtigt, wird Neuland beschritten. Eine solche Methode existiert
bisher nicht. Durch die Berücksichtigung aller Nachhaltigkeitsdimensionen wird die soziale Dimension gegenüber der ökologischen und
ökonomischen Dimension nicht weiter diskriminiert.

Da es sich bei der zu entwickelnden Methode um eine chemikalien-
bezogene, die Nachhaltigkeit der betroffenen Produktsysteme vergleichende Untersuchungs- und Bewertungsmethode handelt, werden die
anerkannten Ansätze zur nachhaltigen Chemie untersucht und in die zu
entwickelnde Methode integriert (siehe Kapitel 4). Weiterhin wird das
EU-Recht - bezogen auf Chemikalien - vorgestellt und die Instrumente
zur Erfüllung der Regelungen skizziert. Auch diese Erkenntnisse fließen
in die Gestaltung der zu entwickelnden Methode mit ein. Die Substitutionsprüfung unter der REACh-Verordnung wird als relevantes Anwendungsbeispiel für die zu entwickelnde Methode herangezogen. Die Entwicklung der neuen Methode erfolgt unter Bezug auf eine Chemikalie als
Untersuchungsgegenstand. Dabei finden die unterschiedlichen Ansätze
und Überlegungen zur nachhaltigen Chemie Berücksichtigung. Die Exis-

tenz ähnlicher Ansätze ist nicht bekannt, sodass die zu entwickelnde Methode als neuer Ansatz im Forschungsfeld zu nachhaltiger Entwicklung angesehen wird. Durch die Wahl einer Chemikalie als Untersuchungsgegenstand wurde als Untersuchungsfeld ein Themenfeld ausgewählt, das aufgrund der ubiquitären Verbreitung von Chemikalien im alltäglichen Leben besondere Relevanz hat.

Drittes Teilziel ist die Anwendung der zu entwickelnden Methode anhand eines Anwendungsbeispiels. Hier wird die Praktikabilität der Methode gezeigt und das Ergebnis der Untersuchung und Bewertung auf seine Richtigkeit hin überprüft. In Kapitel 5.5 wird das Anwendungsbeispiel vorgestellt, in Kapitel 6 erfolgt die Darstellung der Ergebnisse und in Kapitel 7 werden die gesamten Ergebnisse beurteilt und interpretiert. Jede neu entwickelte Methode muss auf ihre Praktikabilität und auf ihre Richtigkeit hin überprüft werden, um anerkannt werden zu können. Dies trifft auch auf den neuen Ansatz der zu entwickelnden Methode zu. Im Rahmen des Kapitels 7 wird auch dieser Nachweis geführt.

Die Ziele und die konkretisierenden Teilziele sind mit diesem Kapitel formuliert worden. Damit sind die Voraussetzungen für die Entwicklung einer eigenen Methode erfüllt. Im Folgenden werden die theoretischen Grundlagen für die Methodenentwicklung dargestellt.

3 Stand der Technik in Bezug auf die nachhaltige Entwicklung

„Man könnte bilanzieren: Seit Rio (1992) ist nichts so nachhaltig wie das Reden und Schreiben über „nachhaltige Entwicklung" oder „Sustainable Development" und gleichzeitig nichts so aussichtslos wie der Versuch, den Begriff konsensfähig und allgemeinverbindlich zu definieren" [JÜDES, 1997]. Dieses Zitat spiegelt die Situation der Nachhaltigkeitsdebatte wider. Die inflationäre Nutzung des Begriffes Nachhaltigkeit führt dazu, dass der so wichtige Begriff Nachhaltigkeit zur bloßen Worthülse verkommt [RENN, 2007]. Es besteht Uneinigkeit hinsichtlich konkreter Ziele, Strategien oder Handlungsprioritäten [KOPFMÜLLER/BRANDL/JÖRISSEN, 2001]. Durch unterschiedliche Untersuchungsgegenstände, verschiedene Perspektiven und unterschiedliche Nachhaltigkeitsdimensionen besteht keine universelle Methode zur Analyse der Nachhaltigkeit. Zur Zeit besteht auch kein Konsens darüber, welche Nachhaltigkeitsdimensionen betrachtet werden müssen und wie diese zu einander stehen [KOPFMÜLLER/ BRANDL/JÖRISSEN, 2001].

Der Begriff der Nachhaltigkeit findet das erste Mal im Jahre 1713 im Bereich der Forstwirtschaft Verwendung. Er wurde dort für die Forderungen verwendet, dass nur so viel Holz geschlagen werden darf, wie im gleichen Zeitraum nachwächst. 300 Jahre nach der Veröffentlichung der „Sylvicultura Oeconomica" des sächsischen Oberberghauptmanns von Carlowitz, ist der Begriff der Nachhaltigkeit international in aller Munde [PETERS, 1984]. Die Idee hat die Brundtland-Kommission übernommen und auf das alltägliche Leben übertragen. Sie definiert in ihrem Bericht die nachhaltige Entwicklung als eine „Entwicklung, die die Bedürfnisse der Gegenwart befriedigt, ohne zu riskieren, dass künftige Generationen ihre eigenen Bedürfnisse nicht befriedigen können" [HAUFF, 1987].

Der Kern der Aussage zur Nachhaltigkeitsidee besteht also darin, dass genug für die künftigen Generationen erhalten werden soll. Dabei bezieht sich die Perspektive der Nachhaltigkeit auf die Dauerhaftigkeit menschlicher Handlungen. Die folgenden Generationen sollen die gleichen Entfaltungsmöglichkeiten besitzen, wie wir. Dabei ist es unerheblich, ob sie diese nutzen wollen oder nicht. Als potentielles Angebot müssen sie aber erhalten bleiben. [RENN, 2007]

Der „Club of Rome" stellte in seinem Bericht „Die Grenzen des Wachstums" aus dem Jahre 1972 die ökologische Dimension im Bereich der Nachhaltigkeit heraus [MEADOWS, et.al., 1972]. Aufgrund zunehmender Umweltbelastungen durch die Ressourcen- und Senkenproblematik wurde in der öffentlichen Diskussion anfangs ebenfalls nur die Bedeutung der ökologischen Dimension gesehen. Erst im Verlauf der weiteren Diskussion wurden die soziale und ökonomische Dimension in den Begriff der Nachhaltigkeit integriert.

Die Nachhaltigkeit besteht damit aus drei Dimensionen: Ökologie, Ökonomie und Soziales (siehe Abbildung 3.1) [DEUTSCHER BUNDESTAG, 2002]. Dementsprechend verfolgt die nachhaltige Entwicklung nicht nur das Ziel der Verbesserung der Umwelt, sondern beinhaltet auch eine wirtschaftliche und eine gesellschaftliche Komponente. Im Überschneidungsbereich zweier Dimensionen befindet sich beispielsweise die soziale Marktwirtschaft (Dimensionen Ökonomie und Soziales) oder aber ein ökologisches Wirtschaften (Dimensionen Ökologie und Ökonomie). Erst in der Überdeckungsfläche aller drei Dimensionen liegt die nachhaltige Entwicklung vor [DEUTSCHER BUNDESTAG, 2002]. Das heißt, bei allen Handlungen sind gleichzeitig die Ziele der Wirtschaftlichkeit, Umweltverträglichkeit und Sozialverträglichkeit zu verfolgen [MAJER, 2004].

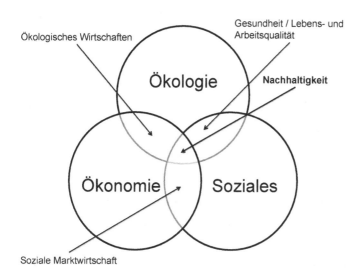

Abbildung 3.1: Dimensionen der Nachhaltigkeit

Nachdem in einem kurzen historischen Abriss das Verständnis von nachhaltiger Entwicklung dargestellt wurde, wird im nächsten Unterkapitel die jüngste Geschichte und die aktuelle Diskussion um den Begriff der nachhaltigen Entwicklung skizziert.

3.1 Erstrebenswertes Ziel „nachhaltige Entwicklung"

Seit der Umweltkonferenz in Rio im Jahr 1992 ist das Konzept der Nachhaltigkeit global zu einem Leitbild geworden. Von diesem Leitbild sind sowohl die wirtschaftliche als auch die gesellschaftliche Entwicklung betroffen. Mittlerweile besteht international die Übereinkunft, dass die Nachhaltigkeit als normatives Leitbild die Verwirklichung einer gerechten Verteilung von Lebenschancen für die jetzt lebende Bevölkerung wie für künftige Generationen darstellt [KORFF, 1995]. Es finden sich drei Grundprinzipien in der Definition zu nachhaltiger Entwicklung wieder:

• die globale Perspektive,

- die untrennbare Verknüpfung zwischen Umwelt- und Entwicklungsaspekten und

- die Realisierung von Gerechtigkeit [KOPFMÜLLER/BRANDL/ JÖRISSEN, 2001].

Die Fragestellung der Nachhaltigkeit beschreibt also auf der einen Seite die Verteilung von Chancen und Ressourcen im Vergleich der Völker und Individuen innerhalb der heute lebenden Generation. Auf der anderen Seite ist der Verteilungskonflikt zwischen der heutigen Bevölkerung und zukünftigen Generationen zu betrachten. Oftmals greift der in der Öffentlichkeit diskutierte Ansatz zu kurz - hier geht es oft nur um die Verknappung von Ressourcen, die die künftigen Generationen nicht mehr nutzen können. Aber es gehören ebenfalls wirtschaftliche und soziale Errungenschaften dazu, die für künftige Generationen erhalten werden sollten. Wirtschaftliche Errungenschaften wurden aufgrund von Kapital, Arbeit und Natureinsatz geschaffen; soziale Errungenschaften wie demokratische Willensbildung, Formen der friedlichen und gerechten Konfliktbewältigung oder Manifestation des kulturellen Selbstverständnisses sind Teil des kulturellen Schatzes von Gesellschaften, der unbedingt weitergegeben werden muss. Die Verengung auf die Ressourcenfrage wäre unzureichend. [RENN, 2007]

Seit dem Jahr 1992 existiert die Commission on Sustainable Development (CSD) als Institution zur „Einleitung und Umsetzung einer nachhaltigen Entwicklung in den einzelnen Staaten" [CSD, 2012]. Die Debatte um die Nachhaltigkeit ist bis heute noch nicht abgeschlossen. Im theoretischen Bereich werden vor allem folgende Aspekte diskutiert:

- Art und Anzahl der betrachteten Nachhaltigkeitsdimensionen,

- Verhältnis der Dimensionen untereinander und die Frage der Integration der Dimensionen
  und

- Inhalte und Nachhaltigkeitsrelevanz der Dimensionen [KOPFMÜLLER/BRANDL/JÖRISSEN, 2001].

Nach der theoretischen Diskussion um den Begriff der nachhaltigen Entwicklung, muss dieser Prozess in der Praxis durch geeignete Maßnahmen umgesetzt und durch unterstützende Ansätze flankiert werden. Dies soll Inhalt des nächsten Unterkapitels sein.

3.2 Umsetzung der Idee der „nachhaltigen Entwicklung"

Die Idee der nachhaltigen Entwicklung ist nach der Konferenz von Rio auf große Resonanz gestoßen. Seitdem wurden weltweit unzählige Maßnahmen ergriffen. Hierzu gehören weltweit die Abgabe von Regierungserklärungen, die Einrichtung von Nachhaltigkeitsprogrammen und Nachhaltigkeitsräten, die Abgabe kollektiver Selbstverpflichtungen, der Abschluss internationaler Abkommen, die Abgabe von Absichtserklärungen und die Ausarbeitung von Strategiepapieren. Entsprechende Nachweise sind beispielsweise im Internet frei verfügbar.

Eine Studie, die in 19 Ländern die ergriffenen Maßnahmen zur Nachhaltigkeit analysiert hat, kommt zu dem Schluss, dass in den meisten Fällen die Strategien politisch nicht umgesetzt wurden [JÄNICKE/CARIUS/JÖRGENS, 1997]. Die Gründe hierfür sind entweder ein fehlendes Budget oder es kam nicht zu einer Konkretisierung der Politikinstrumente. Darüber hinaus war problematisch, dass oftmals eine Soll-Ist-Vergleichsbasis fehlte und somit die Wirkungen der Strategien nicht quantifiziert werden konnten. Ein ähnliches Resultat ergab die Analyse der Lokalen-Agenda-21-Prozesse, die seit fast 20 Jahren aufgelegt werden [EBERHARDT, 2006]. Aber das Ziel einer breiteren Bewusstseinsbildung wurde erreicht. Darüber hinaus wurden erste Erfahrungen bei der Vernetzung von ökologischen, ökonomischen und sozialen Aspekten im lokalen Umfeld gewonnen. Inzwischen haben europäische Länder wie Dänemark, Frankreich, Großbritannien und Deutschland nationale Umwelt- oder Nachhaltigkeitspläne veröffentlicht [EBERHARDT, 2006] und sorgen für die notwendige Umsetzung der gewonnenen Erkenntnisse in der alltäglichen Politik.

Nachhaltigkeit ist mittlerweile in vielen Bereichen ein Thema mit hoher Relevanz. Diverse Institutionen und Organisationen haben entsprechende Strategien und Indikatorensysteme entwickelt. Im Folgenden werden einige Beispiele hierfür gegeben. Im Bereich der Regierungsorganisationen haben die EU, der Bund, die Bundesländer bis hin zu den lokalen Stellen Nachhaltigkeitsstrategien. Gleiches gilt sogar für einzelne Unternehmen. Der Prozess wird durch Umwelt-Nichtregierungsorganisationen (NGO) wie dem Bund für Umwelt und Naturschutz Deutschland (BUND), dem Deutschen Naturschutzring (DNR) oder dem Naturschutzbund (NABU) kritisch begleitet. Eigene Nachhaltigkeitsstrategien und Indikatorensysteme wurden dort aber nicht erarbeitet. Von den vorhandenen Strategien werden in der Folge einige vorgestellt.

Die Nachhaltigkeitsstrategie des Bundes wurde im Jahre 2002 entwickelt. Es handelt sich um das Projekt „Perspektiven für Deutschland", der letzte Fortschrittsbericht datiert aus dem Jahr 2012 [BUNDESREGIERUNG, 2012]. Hier wurde ein Satz von Indikatoren erstellt, mit dem gemessen werden soll, wie Deutschland im Bereich der Nachhaltigkeit aufgestellt ist. Der Satz besteht aus 38 Indikatoren und wird auf vier Leitbereiche (= Schutzgüter) verteilt. Als Leitbereiche, bzw. Schutzgüter sind „Lebensqualität", „Generationengerechtigkeit", „sozialer Zusammenhalt" und „internationale Verantwortung" festgelegt worden. Für jeden Indikator sind Zielgrößen definiert, die erreicht werden sollen. Die Nachhaltigkeitsstrategie wird im Bundeskanzleramt entwickelt und fortgeschrieben. Die Kombination aus der Aufstellung von Indikatoren und der Einführung von Zielgrößen führt zu einer Vergleichbarkeit der Indikatoren zu festgelegten Zeitpunkten. Hieraus lässt sich eine Entwicklung ableiten, die die Bundesregierung regelmäßig in Fortschrittsberichten darlegt. Der Satz der Nachhaltigkeitsindikatoren ist auf das Gesamtsystem Bundesrepublik bezogen [BUNDESREGIERUNG, 2012]. Der

Bezug zu Produktsystemen bzw. im Speziellen zu Chemikalien ist nicht gegeben. Die jeweilige Auswirkung auf die nachhaltige Entwicklung muss aber kausal mit dem Beitrag, der dem jeweilige Produktsystem innewohnt, verknüpft werden. Unter diesem Aspekt ist das Indikatoren-system der Bundesregierung zu abstrakt für die Untersuchung und die Bewertung der Nachhaltigkeit von Produktsystemen von Chemikalien. Beispielsweise steht der Indikator „Staatsverschuldung" nicht kausal in Zusammenhang mit dem Produktsystem einer Chemikalie. Unbestritten ist der Aspekt der Staatsverschuldung im Zusammenhang mit der Gene-rationengerechtigkeit von Bedeutung und sollte bei entsprechenden Untersuchungen eine Rolle spielen. Es wäre aber bei der Untersuchung und Bewertung der Nachhaltigkeit möglich, ein besseres Ergebnis zu erhalten, in dem man den Produktionsstandort in ein anderes Land mit einer geringeren Staatsverschuldung verlagert. Dies würde aber die Nachhaltigkeitseigenschaft des Produktsystems nicht wirklich verbes-sern. Diese Überlegung trifft auch auf weitere Indikatoren zu. Insoweit ist die Entwicklung einer neuen Methode unabdingbar.

Auf lokaler Ebene ist beispielsweise die Agenda 21 für Nordrhein-Westfalen zu nennen. Diese besteht seit 2004. Die Themenbereiche sind „Klima", „Fläche", „Biodiversität", „Bildung", „Kommunalberatung", „Forschung" und „Netzwerken". Als Partner arbeiten hier Kommunen und Kreise, Verbände und Institutionen sowie Kirchen und Gewerkschaften als Kompetenznetzwerk zusammen. Es wird eine Vielzahl von Kampag-nen und Projekten durchgeführt, die den Anspruch haben, globale Nachhaltigkeitsziele für kommunales Engagement aufzubereiten und umzusetzen. [LAG NRW, 2012]

Unter anderem verfügt die Siemens AG über eine eigene Nachhaltig-keitsstrategie und verfasst jährlich Nachhaltigkeitsberichte. Siemens formuliert sowohl interne als auch externe Ziele, die durch das Unter-nehmenshandeln erfüllt werden sollen. Hierfür hat Siemens neun Berei-che mit einer Vielzahl von Indikatoren bestimmt. Die Bereiche lauten

„Innovation", „Kunden und Portfolio", „Compliance", „Umweltschutz", „Produktverantwortung", „Arbeitssicherheit und Gesundheitsmanagement", „Mitarbeiter", „Lieferanten" sowie „Corporate Citizenship". Über die Zielerreichung wird nicht berichtet. [SIEMENS AG, 2012]

Auffällig beim Vergleich der einzelnen Strategien ist, dass sich einige Indikatoren, unabhängig davon, wer die Strategie entwickelt hat, in allen verglichenen Nachhaltigkeitsstrategien wiederfinden. Verschiedene Indikatoren werden aber auch von den Entwicklern der Strategien eingeführt, um spezielle Aspekte der Nachhaltigkeit mit besonderer Relevanz für die Entwickler messen zu können. So sind die Indikatoren der Siemens AG - aus nachvollziehbaren Gründen - sehr auf die Ökonomie ausgerichtet, die Bundesregierung betont die internationale Verantwortung, während die lokale Agenda 21 für Nordrhein-Westfalen einen Schwerpunkt auf die lokale Biodiversität legt.

3.2.1 Nachhaltige Entwicklung als Leitbild in der Politik

Der Begriff der nachhaltigen Entwicklung wurde von der UN aufgegriffen und auf einer Konferenz im Jahre 1992 diskutiert. Er ist seitdem global anerkanntes Leitbild der Politik. Uneinigkeit besteht in der Entwicklung und Durchsetzung entsprechender Leitlinien. Hierbei sind aber - abhängig vom Entwicklungsstand der entsprechenden Länder - unterschiedliche Ansätze zu erkennen. Während die nördliche Hemisphäre einen besseren Schutz der Umwelt durchsetzen will, haben die Länder der südlichen Hemisphäre das Bedürfnis, sich analog zu den Staaten der nördlichen Hemisphäre zu entwickeln [BOLZ, 2005].

In Folge dieser Entwicklung wurde Nachhaltigkeit zum akzeptanzfördernden Prädikat und nicht immer im Sinne des Ansatzes genutzt [BOLZ, 2005]. Den Entwicklungsstand der Industriestaaten zu erreichen, wäre in der Regel aber nicht ohne zusätzliche Umweltbelastungen möglich. Auf der Konferenz 1992 herrschte aber Einigkeit darüber, dass Nachhaltigkeit nicht nur ökologische Aspekte betrachten darf. Der dort diskutierte Ansatz definiert die Nachhaltigkeit im Spannungsfeld zwischen Ökologie, Ökonomie und Gesellschaft. Die Bedürfnisse der Gegenwart müssen so befriedigt werden, dass auch künftige Generationen die Möglichkeiten haben, ihre Bedürfnisse zu befriedigen [HAUFF, 1987].

Um dieses Ziel für die Bundesrepublik Deutschland umzusetzen, hat die Bundesregierung 2002 eine Nachhaltigkeitsstrategie entwickelt und aktualisiert diese in einem iterativen Prozess. Die Strategie bestimmt den Kurs für eine nachhaltige Entwicklung und enthält konkrete Aufgaben und Ziele. Der Leitspruch lautet: „Vom Ertrag - und nicht von der Substanz leben." Bei einer Übertragung dieses Leitspruches auf die Gesellschaft bedeutet dies, dass jede Generation ihre Aufgaben selbst lösen muss und nicht auf die nachkommenden Generationen abwälzen darf [DEUTSCHE BUNDESREGIERUNG, 2011]. Auf regionaler und lokaler Ebene wurden 1992 diverse Nachhaltigkeitsprogramme im Rahmen der „Lokalen 21-Initiativen" durchgeführt [GRUNWALD/ KOPFMÜLLER, 2006].

Auch außerhalb der EU hat es auf internationaler Ebene entsprechende Bemühungen gegeben. So wurden Anfang der 1990er Jahre beispielsweise in Japan Programme durchgeführt, die das Life Cycle Assessment als Instrument der Nachhaltigkeit etablieren sollten. Dadurch wurde ein Instrument zur Bewertung der Nachhaltigkeit von Produkten eingeführt, was die Akzeptanz in den Behörden, im Gewerbe und in der Wissenschaft stark erhöht hat. Einen großen Anteil an dieser Entwicklung hat das durchgeführte „nationale Projekt". [FINKBEINER/ MATSUNO, 2000]

Ist eine Bewertung der Nachhaltigkeit von Produkten unter objektiven Gesichtspunkten möglich, kann ein weiterer Schritt in Richtung nachhaltiger Entwicklung gegangen werden.

3.2.2   Nachhaltige Entwicklung als Leitbild im Unternehmen

Wie bereits erwähnt, hat das Thema nachhaltige Entwicklung auch die Unternehmen erreicht und viele Unternehmen versuchen ihr Handeln an diesen Ansatz anzupassen [FUSSLER, 1999]. Unternehmen investieren inzwischen große Summen in den Umweltschutz [FINKBEINER, et.al., 1999]. Dazu gehören die Entwicklung von Geschäftsmodellen und -strategien genauso wie die Übernahme des Ziels der nachhaltigen Entwicklung in das Unternehmensethos. Die internationale Dimension des Nachhaltigkeitsansatzes zeigt die Gründung des „World Business Council of Sustainable Development (WBCSD)" als internationaler Verband zur Koordination der Bemühungen der Unternehmen [GRUNWALD/KOPFMÜLLER, 2006].

Die Motivation der Unternehmen, sich im Rahmen der nachhaltigen Entwicklung zu engagieren, kann vielschichtig sein. Durch innovative Produkte und Lösungen kann die Umweltbilanz der Kunden und Lieferanten verbessert werden. Aus ökonomischer Sicht kann es sinnvoller sein, nicht auf kurzfristige Gewinne zu setzen, sondern langfristige Wertschöpfung als Strategie zu bevorzugen. Als soziale Nachhaltigkeitskomponente kann das Unternehmen seine Mitarbeiter fördern und sich in die Mitte der Gesellschaft mit einbringen. Die unterschiedlichen Komponenten der Nachhaltigkeit verursachen dabei oftmals Zielkonflikte. Deshalb ist es wichtig, die getroffenen Entscheidungen transparent darzustellen und die bestmögliche Lösung auszuwählen. Im Unternehmensethos können Ziele wie ein verantwortungsvoller Umgang mit natürlichen Ressourcen und zielgerichtete Investitionen in zukunftsfähige Technologien, die ein profitables Wachstum ermöglichen, formuliert werden. Ein solcher Trend ist bei vielen Großkonzernen zu beobachten. Ein Beispiel stellt der Siemens-Konzern dar. Hier wurde sogar im Vorstand ein so genannter „Chief Sustainability Officer" benannt. [SIEMENS AG, 2012]

Die Gewerkschaften als Stakeholder im Unternehmen weisen immer wieder auch auf die soziale Komponente der Nachhaltigkeit hin. Dazu kommt die zentrale Rolle der Arbeit für den Menschen, die Problematik der Chancengleichheit und die gerechte Verteilung des gesellschaftlichen Wohlstands. [GRUNWALD/KOPFMÜLLER, 2006]

3.2.3 Nachhaltige Entwicklung als Leitbild in der Zivilgesellschaft

Der Ansatz der nachhaltigen Entwicklung findet auch im zivilgesellschaftlichen Leben Anwendung. Interessengruppen, die sich im zivilgesellschaftlichen Leben zusammengeschlossen haben, werden als Nichtregierungsorganisationen bezeichnet. Diverse Nichtregierungsorganisationen sind im Bereich dieses Ansatzes als Wacher und Mahner engagiert. Auf lokaler und regionaler Ebene finden sich analog Bürgerinitiativen und Einzelpersonen, die dieser Aufgabe nachgehen. [GRUNWALD/KOPFMÜLLER, 2006]

Nachhaltigkeit bedeutet im sozialen Bereich Teilhabe. Partizipation und Pluralität des Einzelnen als Mitglied der Zivilgesellschaft schaffen Nachhaltigkeit. Der Prozess des Zusammenschlusses zu einer Nichtregierungsorganisation ist somit ein Vorgang der Nachhaltigkeit. Dieser Prozess geht von der Zivilgesellschaft aus und ist basisdemokratisch legitimiert. Soll eine nachhaltige Veränderung der Strukturen einer Gesellschaft erfolgen, ist dies beispielsweise nur möglich, wenn alle Akteure in der Zivilgesellschaft beteiligt werden. Das Konzept der Nachhaltigkeit legitimiert also die Existenz der Akteure der Zivilgesellschaft. Die Rechtmäßigkeit von Entscheidungen ist hiervon unabhängig. [KREBS, 2009]

In entsprechenden Instrumenten zur Messung der Nachhaltigkeit sind also neben den ökologischen und ökonomischen Auswirkungen auch die Auswirkungen auf die Gesellschaft zu betrachten. Diese Auswirkungen können durch die Zivilgesellschaft formuliert und Maßnahmen dafür oder dagegen von ihr vertreten werden [FINKBEINER3, et. al., 2010]. Durch das Eintreten der Zivilgesellschaft für die Berücksichtigung sozialer Aspekte können die sozialen Bedingungen für die Stakeholder, beispielsweise durch die Gewerkschaften für die durch sie vertretenen Beschäftigten, verbessert werden. So kann die Zivilgesellschaft beispielsweise die schwerwiegenden Auswirkungen von Arbeitslosigkeit auf die Anspruchsgruppe der Beschäftigten in einem Unternehmen formulieren und durch die Berücksichtigung in Nachhaltigkeitsstrategien dafür sorgen, dass dieser Aspekt besondere Berücksichtigung erfährt.

Die Diskussion der einzelnen Maßnahmen unterschiedlicher Stakeholder mit ihren unterschiedlichen Perspektiven lässt erahnen, dass im konkreten Einzelfall die Schwerpunkte verschieden gesetzt werden. Insoweit ist es von großem Interesse, für alle Anspruchsgruppen nachvollziehbare Bemessungsgrößen der Nachhaltigkeit zu entwickeln und den Begriff der nachhaltigen Entwicklung zu operationalisieren. Nach Möglichkeit ist die subjektive Untersuchung und Bewertung der Nachhaltigkeit von Produkten durch allgemein anerkannte Bemessungsgrößen zu objektivieren. Das nächste Unterkapitel wird sich mit Bemessungsgrößen der Nachhaltigkeit auseinandersetzen.

3.3   Bemessungsgrößen der Nachhaltigkeit

Dass die Förderung der nachhaltigen Entwicklung ein übergeordnetes politisch international anerkanntes Ziel ist, wurde in Kapitel 3.1 bereits beschrieben. Doch die Frage ist, wie die Akteure kontrollieren können, ob die von ihnen getroffenen Maßnahmen wirksam sind bzw. nicht diametral zum eigentlichen Ziel stehen. Welche Indikatoren stehen zur Verfügung, mit denen gemessen werden kann, inwieweit die Bedürfnisse befriedigt werden und ein tatsächlicher Fortschritt erreicht wird? Dazu muss auch bestimmt werden, welche Schutzgüter wichtig und welche Faktoren für die Lebensqualität oder das Wohlergehen von entscheidender Bedeutung sind [OECD, 2009]. Die hierbei gewonnenen Er-

kenntnisse müssen wiederum kausal mit dem Untersuchungsgegenstand und dem damit verbundenen Themenkomplex verknüpft werden.
Im Prinzip ergeben sich Analogien zum täglichen Leben. Es stehen nur
begrenzte Ressourcen zur Verfügung, wie beispielsweise finanzielle
oder zeitliche Ressourcen sowie Kraft oder Konzentration. Da diese
Ressourcen begrenzt sind, zum Beispiel die zeitliche durch 24 Stunden
pro Tag, müssen Prioritäten festgelegt werden, damit Aktivitäten in
Übereinstimmung mit der zur Verfügung stehenden Zeit in Einklang gebracht werden können. Dabei müssen auch unvorhergesehene Ereignisse mit eingeplant werden. Konzeptionell ergibt sich daraus eine Messung der Ressource „Zeit" und ein Vergleich zwischen Soll- und Istzustand. Darüber hinaus muss aufgrund der Limitierung eine Prioritäten-
liste erstellt werden.

Übertragen auf die nachhaltige Entwicklung bedeutet dies, dass ein solches Vorgehen auch hier erfolgen muss. Für eine nachhaltige Gesellschaft spielt sicherlich Geld eine große Rolle, aber es dürfen Aspekte
wie beispielsweise Zugang zu Bildung, Verfügbarkeit von Trinkwasser
oder einer gesundheitlich zuträglichen Atemluft nicht vernachlässigt
werden, da sie im Zweifel die Gesellschaft nachhaltiger prägen als der
monetäre Wohlstand zu einem bestimmten Zeitpunkt [OECD, 2009].

Zur Messung der Nachhaltigkeit werden Nachhaltigkeitsindikatoren definiert und herangezogen. Sie sind Grundlage jeder Nachhaltigkeitsanalyse. Ein solcher Indikator ist eine summarische Messgröße, die Informationen darüber liefert, in welchem Zustand sich ein System befindet oder
wie es sich verändert [DIN, 2009]. Mit den Indikatoren kann also gemessen werden, inwieweit sich ergriffene Maßnahmen auf das System aus-
wirken. Es existiert kein einheitlicher Indikatorenkatalog, deshalb werden
in der Folge Aufgaben und Anforderungen kurz diskutiert. Indikatoren
sind Kenn- und Hilfsgrößen, die zur Messung und Bewertung eines
Sachverhalts dienen [SRU, 1998].

Es lassen sich vier Kernfunktionen von Nachhaltigkeitsindikatoren beschreiben [GRUNWALD/ KOPFMÜLLER, 2012]:

- Integrationsfunktion: Darstellung komplexer Betrachtungs-
gegenstände, um deren Messung, Analyse und Bewertung zu
ermöglichen,
- Orientierungsfunktion: Unterstützung von Zustands- und Trend-
diagnosen und zeitlichen und räumlichen Vergleichen, Identifika-
tion von Problemen und Handlungsbedarf sowie Analyse bestehender oder potentieller Zielkonflikte,
- Steuerungsfunktion: Messung und Bewertung der Wirksamkeit
von Maßnahmen zum Erreichen definierter Ziele und
- Kommunikationsfunktion: angemessene vereinfachte Darstellung und Vermittlung komplexer Sachverhalte und Zusammenhänge für unterschiedliche Adressaten.

Da keine allgemein gültigen Methoden oder Indikatorensets bestehen,
wählen sich die einzelnen Anwender Methoden aus oder entwickeln -
angepasst an ihre Anforderungen - neue Methoden zur Analyse und
Bewertung der Nachhaltigkeit im vorliegenden Entscheidungsproblem.
So existieren viele verschiedene Indikatorensysteme von Staaten, Unternehmen oder NGO, die lokalen, regionalen oder internationalen Bezug haben. In den Methoden stehen spezifische Indikatoren zur Verfügung, die den Zustand des vorher definierten Systems beschreiben, ihn
mit Zielwerten vergleichen und für die Bewertung der Nachhaltigkeit
herangezogen werden. Diese Vorgehensweise wird nicht nur dazu, sondern auch zur Verbesserung der Nachhaltigkeit des Systems genutzt. So
können Potentiale sichtbar gemacht werden, die weitere Schritte auf
dem Weg in Richtung einer nachhaltigen Entwicklung ermöglichen.

Indikatoren und Indikatorensysteme lassen sich in drei grundsätzliche
Kategorien unterteilen [GRUNWALD/KOPFMÜLLER, 2012]:

- Pressure-Response-Logik,

- Grad der räumlichen Aggregation (lokal, regional, international) bzw. Grad der thematischen Aggregation (dimensionsübergreifende Indikatorensysteme, Fixierung auf eine Nachhaltigkeitsdimension) sowie
- Perspektive der Datenerhebung (objektiv, subjektiv).

Die Indikatoren müssen vier Anforderungen erfüllen [GRUNWALD/ KOPFMÜLLER, 2012]:

- wissenschaftliche Anforderungen (z. B. Repräsentativität, Transparenz),
- funktionale Anforderungen (z. B. Sensitivität),
- Anforderungen aus der Sicht der Nutzer (z. B. Verständlichkeit, Richtungssicherheit) und
- praktische Anforderungen (z. B. Datenverfügbarkeit, Aufwand für die Recherche).

Die Europäische Umweltagentur nutzt zur Strukturierung der Interaktionen zwischen Umwelt und sozioökonomischen Aktivitäten den DPSIR-Ansatz (Abkürzung für Driving forces, Pressures, States, Impacts and Responses). Soziale und wirtschaftliche Entwicklung führt zu Druck auf die Umwelt, der notwendigerweise zu Änderungen des Status der Umwelt führen. Diese Änderungen führen unter anderem zu Auswirkungen auf die menschliche Gesundheit, auf die Funktion der Ökosysteme, auf Materialien wie historische Bauwerke und auf die Wirtschaft. Dieser Ansatz entwickelte sich aus dem STRESS-Ansatz von FRIEND und RAPPORT aus dem Jahre 1979 und wurde durch die Organisation für wirtschaftliche Zusammenarbeit und Entwicklung (OECD) zum PSR-Modell (Pressure, State, Response) weiterentwickelt. [HAK/MOLDAN/DAHL, 2007]

Der DPSIR-Ansatz geht von Einflussgrößen aus, die kausal zusammenhängen (siehe Abbildung 3.2):

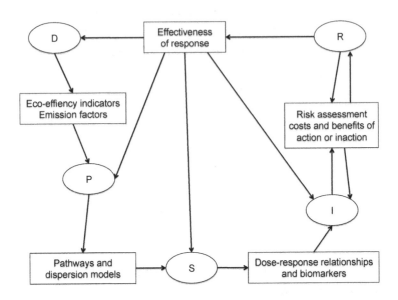

Abbildung 3.2: Kausalkette des DPSIR-Ansatzes (nach [HAK/MOLDAN/DAHL, 2007])

- Driving forces (treibende Kräfte) beschreiben soziale, demogra-phische und wirtschaftliche Entwicklungen in Gesellschaften und die damit verbundenen Änderungen der Lebensstile und des Gesamtverbrauches von Ressourcen und Produktionsgütern.

- Pressures (Belastungen) bezeichnen Entwicklungen im Bereich von Substanzen, physischen und biologischen Schadfaktoren, den Verbrauch von Ressourcen und die Nutzung von Land.

- State (Zustand) beschreibt die Quantität und die Qualität physi-kalischer Phänomene (z. B. Temperatur), biologischer Phäno-mene (z. B. Fischgründe) und chemischer Phänomene (pH-Wert des Niederschlags) in einem bestimmten geographischen Be-reich.

- Impacts (Auswirkungen) bezeichnen die Relevanz der Verände-rungen der Umwelt bzw. der Ökosysteme. Sie werden oft mit Vorhersagen verglichen oder wurden über Messungen der Ex-position erzeugt.

- Response (Reaktion) verweist auf die Reaktion von Gruppen oder Individuen in Gesellschaft oder Regierung und deren Präventions-, Kompensations- oder Anpassungsmaßnahmen. Es kann sein, dass gesellschaftliche Reaktionen als negative treibende Kräfte angesehen werden, weil sie den Verbrauch von Ressourcen und Produktionsgütern vermindern sollen.

Experten kritisieren das Fehlen „operativ anwendbarer, quantitativer, produkt- und produktionsbezogener Indikatoren und Methoden (...) obwohl gerade der stärkere Produktbezug einen wesentlichen Trend der Umwelt- und Nachhaltigkeitspolitik darstellt" [FINKBEINER, 2009].

Die Auswahl geeigneter Nachhaltigkeitsindikatoren erfolgt in Kapitel 5. Hier werden die REACh-Relevanz, der Kausalzusammenhang und die Motivation zur Berücksichtigung des Indikators durch unterschiedliche Stakeholder dargelegt.

Aufgrund der aktuellen Entwicklungen hin zur Erzeugung von Methoden mit integrativen Ansätzen zur Untersuchung und Bewertung der Nachhaltigkeit können die verschiedenen Indikatoren nicht einzelnen Dimensionen der Nachhaltigkeit zugeordnet werden. Diese Problematik kann gelöst werden, indem Schutzgüter definiert werden, denen die einzelnen Indikatoren zugeordnet werden [MÜLLER,1998]. Der Begriff des Schutzgutes entstammt den Rechtswissenschaften und bezeichnet die rechtlich geschützte Position eines Individuums oder einer Gesellschaft. In unserem Zusammenhang müssen diese Schutzgüter aus den politischen Zielen abgeleitet und alsdann formuliert werden. Politische Ziele werden in demokratischen Systemen durch gewählte Regierungen formuliert und durchgesetzt. Die Regierungen werden dabei durch Volksvertretungen kontrolliert. Auch eine Beratung durch Interessenvertretungen ist üblich. Die Volksvertretung wird durch das Volk gewählt - es ist der Souverän [SEILER, 1995]. Somit ist der Schluss gültig, dass vom Souverän formulierte Ziele gesellschaftlich legitimiert sind. Ein solches Procedere existiert zum Beispiel bereits in der Umweltprüfung nach dem

Gesetz über die Umweltverträglichkeitsprüfung (UVPG). Hier werden in § 2 Schutzgüter definiert, die in der Untersuchung abgeprüft werden. Aus den Schutzgütern wiederum werden Indikatoren abgeleitet. Diese ermöglichen die Quantifizierung und die Wirkungsabschätzung. An die Nachhaltigkeitsindikatoren werden wissenschaftliche, funktionale, nutzerbezogene und praktische Anforderungen gestellt [COENEN, 2000]. Die Berücksichtigung einer zu großen Anzahl von Indikatoren birgt die Gefahr, dass Kompensationseffekte auftreten oder kleinere Unterschiede überbewertet werden. Deshalb muss die Relevanz des jeweiligen Indikators bewertet und damit eine Gewichtung vorgenommen werden [FINKBEINER, 2010].

Die Auswahl geeigneter Indikatoren erfolgt transparent und nachvollziehbar. Die Indikatoren sind lebenswegbezogen und ermöglichen so die Konkretisierung des abstrakten Begriffs der nachhaltigen Entwicklung auf den Anwendungsfall. Sie werden gewählt, um Statusinformationen relativ zu gesetzten Zielvorgaben zu erhalten. Gleichzeitig können sie als Warneinrichtung genutzt werden, um ungewünschte Nebeneffekte des angestrebten Entwicklungsweges anzuzeigen [BOSSEL, 1999]. Darüber hinaus dienen sie als Werkzeug zur Orientierung in der Nachhaltigkeitspolitik. Mit ihrer Hilfe kann der Fortschritt in der nachhaltigen Entwicklung bewertet und kommuniziert werden [SPANGENBERG, 2002].

Auch wenn die Anforderungen an Indikatoren weiter steigen - idealtypische Anforderungen werden in der Regel nicht erfüllt [COENEN, 2000]. Das zentrale Problem der Arbeit mit Indikatoren im Bereich der Nachhaltigkeit ist, dass eine Informationsverdichtung durch die Auswahl eintritt, um die Beurteilung eines komplexen Themenfeldes zu erleichtern [LIEPACH/SIXT/IRREK, 2003]. Je nach dem, um welchen Kommunikationspartner es sich handelt, ist der Verdichtungsgrad unterschiedlich [COENEN, 2000]. Verdichtung wiederum führt zu Simplifizierung und widerspricht der „Adäquanz der Abbildung" [COENEN, 2000; aus wissen-

schaftlicher Sicht sind daher komplexere Indikatorensysteme zu kreie-
ren, um der Komplexität der jeweiligen Zusammenhänge gerecht zu
werden [SRU, 1998]. Der Verdichtungsgrad ist abhängig vom Verwen-
dungszusammenhang. In diesem Zusammenhang haben Indikatoren
also eine Hierarchie. Für die Diskussion in der Öffentlichkeit ist ein höherer Grad an Verdichtung, für die politische Diskussion ein mittlerer Verdichtungsgrad und in der wissenschaftlichen Diskussion von Experten
ein geringer Verdichtungsgrad notwendig [COENEN, 2000]. Indikatoren
sollten mit Zielvorstellungen für die nachhaltige Entwicklung verknüpft
sein. Damit werden Soll-Ist-Vergleiche (distance-to-target) ermöglicht
[OPSCHOOR/ REIJNDERS, 1991].

Wie bereits angedeutet, ist eine angemessene Anzahl von Indikatoren
ein weiterer Problempunkt. Hier besteht ein Spannungsfeld. Werden
umfassend alle relevanten Themenkomplexe berücksichtigt, ist die Methode vom Aufwand her nicht handhabbar. Erfolgt eine zu starke Reduktion und Simplifizierung für die politische Entscheidungsfindung oder
öffentliche Diskussion, liefert die Methode möglicherweise falsche Ergebnisse. Ein erster Wertungsschritt muss deshalb die Entscheidung
über die Berücksichtigung oder Nichtberücksichtigung von Themen-
feldern sein. Ein weiterer kritischer Punkt ist die Datenverfügbarkeit. Weil
Vergleichsdaten vorhanden sein müssen, kann bisher nur auf bestehende Indikatorensysteme und deren Akzeptanz zurückgegriffen werden.
Die Auswahl kann sowohl „Top-down" (wissenschaftliche Modellvorstel-
lungen) als auch „Bottom-up" (kleinteilige, maßnahmenbezogene Sichtweise) erfolgen. In der Praxis werden immer wieder Mischformen ange-
troffen [GEHRLEIN, 2004].

Nachdem nun der Begriff der nachhaltigen Entwicklung, deren Umsetzung durch Maßnahmen der verschiedenen Stakeholder und mögliche
Bemessungsgrößen der Nachhaltigkeit vorgestellt wurden, wird im
nächsten Unterkapitel der Fokus auf die Operationalisierung gelegt. Es
werden verschiedene Methoden zur Bestimmung der Nachhaltigkeit

benannt und diskutiert. Von besonderer Relevanz ist in diesem Zusammenhang die Identifizierung von Methoden, die die integrative und gesamtheitliche Untersuchung und Bewertung der Nachhaltigkeit eines
Produktes in allen drei Nachhaltigkeitsdimensionen ermöglichen. Diese
legen   das   Fundament   für   die   zu   entwickelnde   Methode.

3.4   Methoden zur Bestimmung der Nachhaltigkeit

In der Vergangenheit wurden nach dem „Drei-Säulen-Modell" getrennte
Methoden zur Analyse und Bewertung der Nachhaltigkeit je nach Di-
mension entwickelt und etabliert. Hierzu gehören unter anderem die
LCA, die LCC und die SLCA.

In dem Bereich der Bewertung von Aktivitäten mit potentiellem Einfluss
auf die Umwelt zählen unter anderem die LCA, die ökologische Risiko-
analyse (ÖRA) oder die Umweltverträglichkeitsprüfung. Dabei ist die
Methode der LCA das einzige standardisierte Verfahren (ISO 14040,
ISO 14044). Es stellt den Stand der Technik dar. Mit der Methode wird
die Umweltverträglichkeit von Produkten, Prozessen und Dienstleistungen bewertet. Die Berücksichtigung des gesamten Lebenszyklus (cradle-to-grave) ist dabei ein wesentlicher Grundaspekt. Damit ist die Erfas-
sung des Untersuchungsgegenstandes und der Umweltaspekte als Ge-
samtheit sichergestellt [FINKBEINER, 2009].

Die LCC analysiert und bewertet rein ökonomische Aspekte. Die Methode ist im Gegensatz zur LCA nicht standardisiert; es ist aber ein „Code-
of-Practice on LCC" verfügbar [SWARR, et.al., 2011]. Andere Methoden
nehmen die Analyse und Bewertung meist in Verbindung mit gesellschaftlichen Aspekten vor. Hierzu gehören unter anderem die Kosten-
Nutzen-Analyse [NAS, 1996] oder die Nutzwertanalyse [ZANGEMEIS-
TER, 1976].

Auch zur Analyse und Bewertung der sozialen Dimension der Nachhaltigkeit kann auf eine Vielzahl von Ansätzen zurückgegriffen werden. Unter anderem sind dies das Social Impact Assessment (SIA), das Health Impact Assessment (HIA) sowie das SLCA [LEHMANN, 2013]. Die einzelnen Methoden haben unterschiedliche Ziele, Anwendungsebenen und Untersuchungsrahmen. Dabei greifen sie auf verschiedene Standards, Richtlinien und lokale Agenden 21 zurück [UNEP/SETAC, 2009]. Das SLCA bezieht sich ähnlich wie die LCA auf den Lebenszyklus des Produkts.

Im Zusammenhang mit den einzelnen Methoden ist wichtig zu erwähnen, dass sie nicht in Konkurrenz zueinander stehen, sondern als Ergänzung zueinander gesehen werden müssen [LEHMANN, 2013]. Dies betrifft insbesondere die verschiedenen Bereiche und Ebenen (z. B. Produktbezogenheit, regionale Ausrichtung oder gesamtgesellschaftliche Perspektive) oder auch die einzelnen beleuchteten Aspekte bzw. Nachhaltigkeitsdimensionen. Aus diesem Grund wurden in jüngster Vergangenheit Konzepte entwickelt, die je nach Untersuchungsgegenstand die einzelnen Aspekte miteinander verbunden bzw. diese ineinander integriert haben, um ein gesamtheitliches Ergebnis von Analyse und Bewertung zu erhalten. Hierzu gehören - mit unterschiedlicher Detailtiefe - unter anderem:

- Strategic Environmental Assessment (SEA) [FISCHER, 2007]
- Product-Oriented Environmental Management Systems (PO-EMS) [EU-KOMMISSION2, 2001]
- Sustainability Assessment (SA) [JONES, 2008]
- Life Cycle Analysis [CALCAS, 2009]
- Life Cycle Sustainability Assessment (LCSA) [UNEP/SETAC, 2011]

Um die Untersuchung und Bewertung der Nachhaltigkeit von Produktsystemen vornehmen zu können, ist - abhängig vom Untersuchungsgegenstand - eine Kombination verschiedener Methoden notwendig. Für

die Untersuchung und Bewertung der Nachhaltigkeit von Produktsystemen von Chemikalien existiert damit kein anerkanntes methodisches
Vorgehen, sondern es müsste eine Kombination unterschiedlicher Methoden gewählt werden, die womöglich von Anwender zu Anwender
variiert und somit intransparent bzw. nicht reproduzierbar sein könnte.
Die Entwicklung einer Methode zur gesamtheitlichen Untersuchung und
Bewertung der Nachhaltigkeit von Produktsystemen von Chemikalien ist
damit unabdingbar. Diese Aufgabe soll die zu entwickelnde Methode
erfüllen können.

Der Aspekt der Betrachtung des Lebenszyklus von Produkten ist bei all
diesen Methoden in den Vordergrund getreten. Die EU-Kommission hat
in ihrem „LCA-Aktionsplan zur Unterstützung der Gesellschaft bei der
Förderung von mehr Nachhaltigkeit in Konsum und Produktion" aus dem
Jahr 2008 diesen Aspekt besonders herausgehoben. Die lebenszyklus-
basierten Analysen LCA, LCC und SLCA sind daher für die Verwendung
besonders relevant. Sie betrachten demnach bei der Untersuchung von
Produkten, Prozessen und Dienstleistungen die auftretenden ökologischen, ökonomischen und sozialen Auswirkungen entlang des gesamten
Lebensweges. Hierzu gehören die Gewinnung des Rohstoffs, die Herstellung des Produkts, dessen Nutzung und schlussendlich die Entsorgung. Auch das als Kombination aller drei Methoden betrachtete LCSA
verfügt über den Lebenszyklusgedanken. Für diese Methode ist seit
Kurzem ein Rahmenwerk verfügbar [UNEP/SETAC, 2011].

3.4.1 Funktionelle Einheit

Der Begriff der funktionellen Einheit entstammt der ISO 14040 [DIN,
2009] und bezeichnet den Nutzen eines Produktsystems. Damit wird die
funktionelle Einheit als Vergleichseinheit herangezogen, um den Nutzen
unterschiedlicher Produktsysteme miteinander vergleichen zu können.
Darüber hinaus gibt sie grundsätzlich an, was untersucht wird. Aus diesem Grund ist eine saubere Definition der funktionellen Einheit bei der
Analyse und Bewertung der Nachhaltigkeit von besonderer Bedeutung.

Mit der funktionellen Einheit wird die Funktionalität beschrieben (Kernfunktion). Damit wird die für den Nutzer bereitgestellte Leistung charakterisiert. Darüber hinaus können weitere Funktionen und Produkteigenschaften gefordert sein.

Sind die Kriterien an die funktionelle Einheit genau definiert, kann die Auswahl alternativer Produktsysteme erfolgen. Beispielsweise kann die funktionelle Einheit das Zurücklegen der Strecke Berlin bis Hamburg sein. Handlungsalternativen wären „zu Fuß", „mit dem Fahrrad", „mit dem Motorrad", „mit dem Auto", „mit dem Autobus", „mit der Bahn" oder „mit dem Flugzeug". Die Auswahl an Handlungsalternativen nimmt ab, wenn das Kriterium „in unter zwei Stunden Reisezeit" hinzukommt. Vermutlich bleiben die Alternativen Motorrad, Auto und Bahn übrig. Handelt es sich um ein wichtiges Meeting, ist aufgrund der Abhängigkeit vom Wetter damit zu rechnen, dass die Alternative Motorrad ebenfalls entfällt.

Je größer also die Anzahl obligatorischer Eigenschaften bzw. Kriterien ist, desto kleiner wird die Anzahl möglicher Alternativen (siehe Abbildung 3.3). Die obere Abbildung zeigt die Integration mehrerer (obligatorischer) Eigenschaften in die funktionelle Einheit. In der unteren Abbildung enthält die funktionelle Einheit nur die Kernfunktion. Damit zeigen die Abbildungen die Möglichkeiten der Definition der funktionellen Einheit und den Einfluss auf die Anzahl möglicher Technologiealternativen zur Analyse mit den Methoden der LCSA:

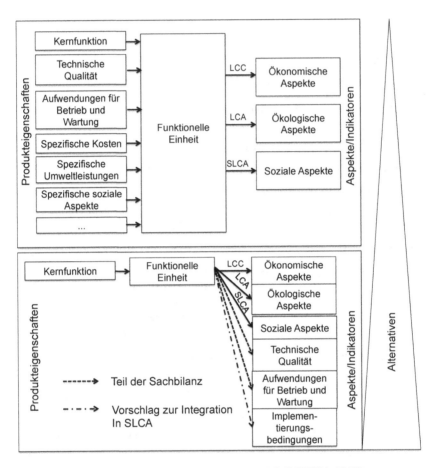

Abbildung 3.3: Definition der funktionellen Einheit (nach [LEHMANN, 2013])

Im Rahmen der Nachhaltigkeitsanalyse von Chemikalien müssen potentiell geeignete Chemikalien identifiziert werden. Hierzu ist die möglichst genaue Definition der funktionellen Einheit von besonderer Bedeutung. Dabei müssen der Anwendungsfall, aber auch soziale, ökonomische und institutionelle Rahmenbedingungen berücksichtigt werden. Nur, wenn diese Eigenschaften bzw. diese Aspekte hinreichend berücksichtigt werden, kann die jeweilige Chemikalie erfolgreich implementiert und genutzt werden. Erst dann kann durch die Nutzung der erwünschte Beitrag zur nachhaltigen Entwicklung geleistet werden.

Nach Festlegung der gewünschten Eigenschaften an die Chemikalie kann die Auswahl geeigneter Alternativen erfolgen. Die Alternativen können hiernach unter ökologischen, ökonomischen und sozialen Aspekten auf ihre Nachhaltigkeit hin untersucht, bewertet und verglichen werden.

Methodisch können - aus LCSA-Perspektive - soziale und ökonomische Aspekte als obligatorische Eigenschaften in die funktionelle Einheit integriert werden, wenn sie als relevant für die Eignung der Technologie eingeschätzt werden, damit die Implementierungswahrscheinlichkeit erhöhen und so die Realisierung ihres Nachhaltigkeitspotentials begünstigen. Dies gilt prinzipiell auch für ökologische Aspekte. Der Fokus liegt hier jedoch auf ökonomischen und sozialen Aspekten, da diese für die Beschreibung der Eignung einer Technologie im Sinne einer hohen Implementierungswahrscheinlichkeit als besonders relevant angesehen werden können. Operativ betrachtet ist dieses Wissen vor LCSA-Studien nicht immer bekannt und sollte daher über geeignete Indikatoren abgedeckt werden: Die LCC liefert hierzu mit ökonomischen Indikatoren wie z. B. Anschaffungs- und Betriebskosten relevante Informationen. Die in der SLCA betrachteten Aspekte und Indikatoren sind dagegen derzeit nur bedingt zur Beschreibung von Eigenschaften anwendbar, die die Eignung oder Implementierungsbedingungen einer Technologie adressieren. [LEHMANN, 2013]

3.4.2 Life Cycle Sustainability Assessment als Methode zur Bestimmung der Nachhaltigkeit

Als Stand von Wissenschaft und Technik zur Bestimmung der Nachhaltigkeit gilt aktuell die von KLÖPFFER und RENNER entwickelte Methode des LCSA. Die LCSA addiert nicht die einzelnen Methoden des Life Cycle Assessments, des Life Cycle Costings und des Social Life Cycle Assessments, sondern integriert ökologische, ökonomische und soziale Aspekte (siehe Abbildung 3.4). Damit ist die Berücksichtigung von Wechselwirkungen zwischen den einzelnen Dimensionen der Nachhaltigkeit sichergestellt. [KLÖPFFER/RENNER, 2007]

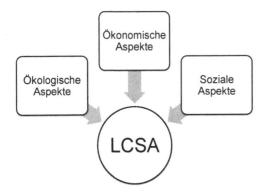

Abbildung 3.4: Methode der LCSA

Die Methode der LCSA ermöglicht die Bewertung der Nachhaltigkeit von Produkten und Dienstleistungen. Die LCSA verdichtet die Nachhaltigkeit ebenfalls auf Indikatoren und ermöglicht so die Quantifizierung. Die Methode ist allgemein als transparent und nachvollziehbar anerkannt [SALA/FARIOLI/ZAMAGNI, 2012]. Die Lebenswegorientierung hilft direkte und indirekte Effekte strukturiert aufzuarbeiten. Die Methode ist generalisierend gegenüber detaillierten Untersuchungen. Die detaillierten Untersuchungen wären jeweils nur für den Einzelfall konzipiert und damit nur bedingt vergleichbar. Wenn das Ziel eine Methode mit vergleichbaren Aussagen ist, muss diese aber vielfach anwendbar sein. Deshalb sind detaillierte Einzelfalluntersuchungen hierfür ungeeignet.

Zur Operationalisierung der Nachhaltigkeit nutzt die Methode der LCSA ebenfalls die Formulierung von Nachhaltigkeitsindikatoren (siehe Kapitel 3.3).

Methodisch wird kontrovers diskutiert, ob bei der Analyse und Bewertung mit der LCSA der Bereich der LCC mit seiner stark eindimensionalen Ausrichtung nach der Brundtland-Definition der Nachhaltigkeit tatsächlich berücksichtigt werden muss [JORGENSEN/HERMANN/MORTENSEN, 2010]. Da die zu entwickelnde Methode auch für Unternehmen als Analyse- und Bewertungsmethode bereit stehen soll und ökonomische Aspekte dort von besonderer Relevanz sind, wird an der Methode der LCC festgehalten. Als „nachhaltigere" Chemikalie wird diejenige Chemikalie verstanden, mit der die geringsten ökologischen Beeinträchtigungen, die geringsten Kosten und die geringsten sozialen Beeinträchtigungen einher gehen.

Darüber hinaus wird empfohlen, die vier Phasen der LCA auch auf die Durchführung der LCSA anzuwenden [UNEP/SETAC, 2011]. Hierzu gehören:

1. Festlegung des Ziels und des Untersuchungsrahmens (unter anderem Darstellung des gemeinsamen Ziels der drei Studien, Zielgruppe, Festlegung der Systemgrenzen, Definition der funktionellen Einheit, Festlegung der Wirkungskategorien)
2. Sachbilanz
3. Wirkungsabschätzung
4. Auswertung und Interpretation

Eine der wesentlichen Herausforderungen besteht darin, die Interpretation der Ergebnisse der drei Studien integriert vorzunehmen. Möglichkeiten hierfür stellen unter anderem das Nachhaltigkeitsdreieck [FINKBEINER, et. al., 2010] oder das Life Cycle Sustainability Dashboard (LCSD) [TRAVERSO/FINKBEINER, 2009] dar. Ein Konsens bezüglich der Anwendung einer Auswertungsmethode besteht nicht. Die zu entwickelnde Methode wird so gestaltet, dass das Nachhaltigkeitsindikatorenset und die Studie(n) nicht separat nach einzelnen Nachhaltigkeitsdimensionen durchgeführt werden, sondern die Durchführung von Anfang an integrativ gestaltet wird.

3.4.3   Die Bewertungsmethode des Umweltbundesamtes

Im Bereich der Bewertung der ökologischen Komponente der Nachhaltigkeit ist die Methode der LCA als Stand der Technik (ISO 14040) anzusehen. Allein die ökologische Nachhaltigkeitsdimension zu beachten, greift für viele Problemstellungen aber zu kurz. Sollen zwei vergleichbare Produktsysteme beurteilt werden, um das „nachhaltigere" Produkt auszuwählen und damit einen Schritt in Richtung nachhaltiger Entwicklung zu machen, werden Methoden benötigt, die diese Bewertung auch unter Berücksichtigung der anderen Nachhaltigkeitsdimensionen ermöglichen.

Das Umweltbundesamt hat eine solche Methode [UBA, 1999] entwickelt. Sie ist als schutzgutbezogene Multi-Score-Methode entwickelt worden. Hierzu gehören die Schritte Normierung, Ordnung und Auswertung (siehe Abbildung 3.5). Die Methode des Umweltbundesamtes (UBA-Methode) ist allgemein anerkannt, integrativ, flexibel, transparent und nachvollziehbar. Sie lässt sich modifizieren, so dass der Entscheidungsfindungsprozess begleitet werden kann. Die Stakeholder können ebenfalls den Entscheidungsfindungsprozess begleiten. Die Verdichtung innerhalb der Methode ist nicht zu hoch, so dass Raum für Expertendiskussionen bleibt. Die UBA-Methode [UBA, 1999] versucht, die ökologische Verbesserung von Produkten darzustellen.

Die Ergebnisse können für die umweltpolitischen Entscheidungen herangezogen werden. Im Expertenkreis wird ein „critical review" erfolgen. Die Bewertung erfolgt aufgrund des Vergleichs zweier Systeme und basiert auf den durch die Umweltpolitik formulierten Schutzgütern. Gleichzeitig orientiert sich die Bewertung am bestehenden und angestrebten Gesundheits- und Umweltzustand (siehe Abbildung 3.5).

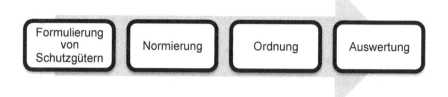

Abbildung 3.5: Ablauf der UBA-Methode (vgl. [UBA, 1999])

Mit der UBA-Methode soll ein direkter Vergleich der Belastungen durch die einzelnen zu vergleichenden Produkte dargestellt werden. Hierfür werden Indikatoren festgelegt. Die Mehrbelastung soll dabei nicht als absolute Belastung angezeigt werden, sondern die Mehrbelastung selbst enthält keine Aussage zur Gefährdung und zur „Distance-to-target". Sie wird vielmehr in einem zweiten Schritt normiert und es erfolgt eine Rangbildung. Erst die Bewertung erfolgt anhand der Gefährdung, der „Distance-to-target" und des spezifischen Beitrags. Sie dient zur Ableitung der Priorität der einzelnen Indikatorergebnissen bzw. der daraus resultierenden Mehrbelastungen. In einem dritten Schritt werden die hierarchisierten Indikatorergebnisse miteinander verglichen. Hierzu gehört die gegenseitige Abwägung der jeweiligen Mehrbelastungen der betrachteten Produktsysteme. Ein ähnlicher Beitrag und eine ähnliche Priorität werden als gleichwertig betrachtet und gegeneinander aufgewogen. Der Vergleich der hierarchisierten Indikatorergebnisse führt entweder zu eindeutigen Vorteilen eines der Produktsysteme oder zu „nichtsignifikanten Unterschieden".

Im Rahmen der Beurteilung der Ergebnisse der Wirkungskategorien in Bezug auf den Aspekt der Gefährdung, ist es möglich, die potentiellen Schädigungen, einschließlich ihres Ausmaßes, der Schutzgüter zu bewerten. Hierbei ist es unabhängig, wie sich der aktuelle Umweltzustand darstellt und welches konkrete Indikatorergebnis im Rahmen der Ökobilanz ermittelt wurde. [UBA, 1999]

Bei der Bewertung müssen folgende Aspekte berücksichtigt werden:

1. Die möglichen Auswirkungen des Schadens auf die Schutzgüter,
2. das Ausmaß der Reversibilität der Schadwirkung,
3. die räumliche Ausdehnung des Schadens und
4. die Unsicherheiten bei der Prognose der Auswirkungen.

Bei der Auswirkung des Schadens sind die Schadenshöhe und das Schadensausmaß von besonderer Bedeutung. Gleichzeitig muss mit in die Überprüfung einbezogen werden, welche Hierarchiegruppe betroffen ist. Ist es ein Blatt, ein Baum oder ein ganzer Wald. Hierbei sind sowohl die tiefgreifendere Wirkung schwerwiegender anzusehen als auch die höhere betroffene Hierarchieebene. Im Zusammenhang mit dem Ausmaß der Reversibilität der Schadwirkung ist ein irreversibler Schaden schwerwiegender anzusehen als ein reversibler. Je größer die räumliche Ausdehnung eines Schadens ist, umso schwerwiegender ist der Schaden. Unsicherheiten beruhen auf unzureichendem Wissen im Hinblick auf Ursache-Wirkungs-Beziehungen oder Verzögerungen im Schadenseintritt. Im Hinblick auf eine Bewertung sind potentielle Schadwirkungen mit größeren Unsicherheiten als schwerwiegender anzusehen und einzustufen. Die Einordnung erfolgt subjektiv und wird je nach Durchführendem möglicherweise zu unterschiedlichen Ergebnissen führen. [UBA, 1999]

Das Konzept des „Abstands zum angestrebten Zustand" ermöglicht die Bewertung der Wirkungskategorien auf Grundlage des Vergleichs des aktuellen Zustands zu dem jeweils angestrebten. Die jeweilige Wirkungskategorie wird umso höher gewichtet, je stärker die negative Abweichung des aktuellen Zustands, auf die konkrete Wirkungskategorie bezogen, eingeschätzt wird. [UBA, 1999]

Bei der Bewertung müssen folgende Aspekte berücksichtigt werden:

1. Die möglichen Auswirkungen des Schadens auf die Schutzgüter,

2. das Ausmaß der Reversibilität der Schadwirkung,

3. Umweltbeanspruchung und

4. die Durchsetzbarkeit und Wirksamkeit der ergriffenen Maßnahmen.

Wenn ein Qualitätsziel existiert, lässt sich mit der Differenzbildung zwischen aktuellem und angestrebtem Zustand der Abstand zum Ziel bestimmen. Die Differenz sollte aus Gründen der Vergleichbarkeit als dimensionslose Größe, beispielsweise als Quotient, dargestellt werden. Insofern würde ein größerer Quotient zwischen Istzustand und Qualitätsziel als schwerwiegender anzusehen sein. In vielen Fällen ist kein quantifizierbares Qualitätsziel vorhanden. Hier kann als Ersatz ein Handlungsziel herangezogen werden. Bei der Bewertung ist ein größerer Minderungsbedarf als schwerwiegender zu berücksichtigen. Bei der Berücksichtigung des derzeitigen Trends der Umweltbeanspruchung ist eine steigende Belastung als kritischer zu sehen als eine stagnierende oder abnehmende. Die Durchsetzbarkeit und Wirksamkeit von Maßnahmen ist stark von den Randbedingungen abhängig. So treten technische als auch finanzielle Hinderungsgründe auf, die die Durchsetzbarkeit und Wirksamkeit von Maßnahmen negativ beeinflussen. In diesem Zusammenhang sind geringere Durchsetzbarkeit und Wirksamkeit von ergriffenen Maßnahmen als schwerwiegender zu betrachten. [UBA, 1999]

Der Aspekt des „spezifischen Beitrags" ermöglicht die Bewertung der Indikatorergebnisse einer konkreten Ökobilanz auf die aktuelle Umweltsituation der betroffenen Wirkungskategorie. Ein Indikatorergebnis ist umso schwerwiegender, je größer die in Deutschland pro Jahr gemessene Gesamtbelastung dieser Wirkungskategorie ist. Hierbei wird der jeweilige spezifische Beitrag für jede Wirkungskategorie getrennt berechnet. Berücksichtigt werden die jeweilige funktionelle Einheit und die

Jahreswerte der entsprechenden Stoffe in Deutschland. Bei der Rangbildung der Ergebnisse unterschiedlicher Wirkungskategorien innerhalb
einer konkreten Ökobilanz sind jedoch nicht die absoluten spezifischen
Beiträge der einzelnen Wirkungskategorien von Bedeutung, sondern ihre
relative Größe beim Vergleich der Wirkungskategorien untereinander.
[UBA, 1999]

Bei der UBA-Methode handelt es sich um eine Nutzwertanalyse. Es ist
die Analyse einer Menge komplexer Handlungsalternativen mit dem
Zweck, die Elemente dieser Menge entsprechend der Präferenzen des
Entscheidungsträgers bezüglich eines multidimensionalen Zielsystems
zu ordnen. Die Abbildung der Ordnung erfolgt durch die Angabe der
Nutzwerte (Gesamtwerte) der Alternativen [ZANGEMEISTER, 1976]. Die
Methode bewertet damit nicht die Effizienz von Alternativen, sondern die
relativen Unterschiede. Damit ist das Zielsystem flexibel, die Alternativen
sind direkt miteinander vergleichbar und es existiert ein einheitlicher
Maßstab. Auf der anderen Seite ist für die Methode ein hoher Zeitauf-
wand notwendig, die Gewichtung erfolgt subjektiv, die Vergleichbarkeit
der Ergebnisse ist fraglich und qualitative Ziele sind nicht betrachtbar
[KUNZE, 2007].

Der Vergleich der Nachhaltigkeit verschiedener Produktsysteme wird
allgemein anerkannt über die Einführung funktioneller Einheiten ermöglicht. Dabei steht nicht das Produktsystem als solches im Fokus, sondern der mit dem Produktsystem verbundene Nutzen und damit dessen
Leistungsfähigkeit. Es werden also nutzengleiche Systeme miteinander
verglichen. So würde man beispielsweise nicht das Produkt Fahrrad mit
dem Produkt Kraftfahrzeug oder dem Produkt Personenzug vergleichen,
sondern jeweils eine gewisse Kilometerleistung. Je nach Anwendungsfall variiert die funktionelle Einheit, weshalb rein vergleichende Analysen
verschiedener Produkte, wie zum Beispiel von Chemikalien nicht zielführend sind [GRAUBNER/HÜSKE, 2003].

Die UBA-Methode kann nur zur Bewertung von Ökobilanzen genutzt werden. Es ist also die Neuentwicklung einer Methode notwendig, um nicht nur die Ökobilanzen nach der UBA-Methode miteinander vergleichen zu können, sondern integrativ die Nachhaltigkeit von Produktsystemen zu bewerten und zu vergleichen.

Die relevanten Aspekte der Nachhaltigkeit wurden diskutiert. Die theoretischen Werkzeuge zur Operationalisierung der Nachhaltigkeit sind nun bekannt und ein Nachhaltigkeitsindikatorensystem kann zur Untersuchung und Bewertung der Nachhaltigkeit von Chemikalien erstellt werden. Bevor dieser Schritt sinnvollerweise gegangen werden kann, sollte im Rahmen der theoretischen Vorarbeiten der Bereich der Chemie bearbeitet werden, der sich mit der grünen bzw. nachhaltigen Chemie befasst. Hier soll die aktuelle Diskussion abgebildet werden, die darüber hinaus Einfluss auf die Gestaltung der zu entwickelnden Methode hat.

4 Ansätze und Methoden zur nachhaltigen Chemie

In diesem Kapitel werden die Rahmenbedingungen für die Entwicklung einer Methode zur Bestimmung der Nachhaltigkeit von Chemikalien in Kürze beschrieben. Da das Ziel die Errichtung eines Systems von Nachhaltigkeitsindikatoren zum Vergleich der Nachhaltigkeit von Chemikalien ist, müssen im folgenden der Forschungsstand im Bereich der nachhaltigen Chemie und die Regelungen der REACh-Verordnung inklusive der Ziele des Europäischen Gesetzgebers vorgestellt werden.

Nachhaltige Chemiepolitik muss das Ziel haben zu helfen, negative Auswirkungen der Produktion chemischer Erzeugnisse, sowie ihrer Verarbeitung und Anwendung auf Mensch und Umwelt ·zu vermeiden [BUNKE, 2010]. Wenn Produkte und Verfahren weniger natürliche Ressourcen verbrauchen, führt dies zu Entlastungen für die Umwelt und gleichzeitig zu Kostenersparnissen für die Unternehmen.

4.1 Ansätze nachhaltiger Chemie

In der Prozesschemie wird heutzutage die Raum-Zeit-Ausbeute optimiert [SHELDON/ARENDS/HANEFELD, 2007]. Problematisch ist dieser Ansatz z. B. durch die Verfügbarkeit von Ressourcen oder den Anfall von Abfallströmen. Wird dieser Ansatz weiter beibehalten, sind zu einem zukünftigen Zeitpunkt die erforderlichen Ressourcen nicht mehr verfügbar. Aus diesem Grund sollten schon heute Strategien entwickelt werden, die sicherstellen, dass auch zukünftige Generationen ihre Bedürfnisse befriedigen können.

Mit dem Ansatz der Grünen Chemie soll im Rahmen der Produktion und Verwendung von Chemikalien versucht werden, ökologische Auswirkungen zu minimieren, Energie einzusparen und damit möglichst umweltverträglich zu produzieren. Darüber hinaus sollen Gefahren für die menschliche Gesundheit und die Umwelt vermieden werden. Hierfür müssen neue Technologien und Prozesse entwickelt und genutzt werden. [SHELDON/ARENDS/HANEFELD, 2007]

ANASTAS und WARNER haben bei der Environmental Protection Agency der Vereinigten Staaten von Amerika zwölf Regeln für die Grüne Chemie entwickelt, die dem Anhang A.2 entnommen werden können [ANASTAS/WARNER, 1998].

In der EU soll die Richtlinie RL 2008/1/EG über die integrierte Vermeidung und Verminderung der Umweltverschmutzung (IVU-Richtlinie) ein hohes Schutzniveau für die Umwelt bei bestimmten industriellen Tätigkeiten sicherstellen. Im Anhang IV der Richtlinie befindet sich eine Liste mit Leitgedanken zum Stand der besten verfügbaren Technik, die den Anspruch an eine nachhaltige Produktion formuliert. Diese Liste gilt insbesondere für die chemische Industrie. Sie ist der Ausarbeitung als Anhang A.3 beigefügt.

Auf nationaler Ebene hat das Umweltbundesamt im Jahr 2004 in Zusammenarbeit mit der OECD im Rahmen eines Workshops zum Thema „Nachhaltige Chemie" vertiefte Kriterien für eine nachhaltige Chemie entwickelt [UBA2, 2004]. Die Kriterien können dem Anhang A.4 entnommen werden.

Darüber hinaus hat sich die Bundesregierung zur Assistenz bei der Evaluierung von Strategien zur Chemikaliensicherheit und Weiterentwicklung einer nachhaltigen Chemie in Deutschland beraten und im Rahmen der Beratung entsprechende Überlegungen entwickeln lassen [GIEG-RICH, 2011].

4.2   Modelle nachhaltiger Chemie

In den folgenden Absätzen werden in Kürze ausgewählte Modelle nachhaltiger Chemie vorgestellt. Hierzu gehören SCHERINGERS „Short

Range Chemicals" [SCHERINGER, 1999], das „Einfache Maßnahmen-konzept für Gefahrstoffe" der Bundesanstalt für Arbeitsschutz und Arbeitsmedizin [BAUA, 2008], das Konzept des Umweltbundesamtes für nachhaltige Chemie [UBA, 2009] sowie KÜMMERERS „Benign by design" [KÜMMERER/SCHRAMM, 2008].

4.2.1 Short-Range Chemicals

Im Modell der „Short-Range Chemicals" wird die Umweltgefährdung als Persistenz und räumliche Verteilung charakterisiert. Das Modell soll als Leitlinie für die künftige Entwicklung sicherer Chemikalien angesehen werden. Weiterhin soll das Modell zur Chemikalienbewertung derzeitig verfügbarer Chemikalien genutzt werden.

Im ersten Schritt werden die gefährlichen Eigenschaften von Chemikalien ermittelt und beurteilt. Hier kommt es insbesondere auf gefährliche physikochemische Eigenschaften, auf gefährliche Eigenschaften für den Menschen und gefährliche Eigenschaften für die Umwelt an. Im zweiten Schritt wird die Exposition beschrieben. Es erfolgt eine qualitative und eine quantitative Abschätzung der Dosis bzw. Konzentration, der der Mensch oder die Umwelt ausgesetzt wird. Die Exposition wird über den gesamten Lebenszyklus der Chemikalie ermittelt. Im dritten Schritt werden die ermittelten Expositionshöhen mit Konzentrations- bzw. Dosis-schwellen verglichen, bei denen keine schädlichen Wirkungen zu erwarten sind. Diese Vorgehensweise ist wegen der besonders intensiven Auswirkungen auf die Umwelt bei persistenten und bioakkumulierenden Stoffen nicht möglich [SCHERINGER, 1999].

Im Bereich der nachhaltigen Chemie erfolgt die Bewertung anhand der stoffinhärenten Eigenschaften (siehe Abbildung 4.1).

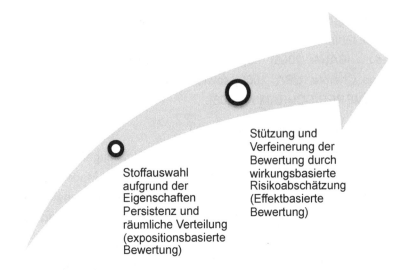

Stoffauswahl
aufgrund der
Eigenschaften
Persistenz und
räumliche Verteilung
(expositionsbasierte
Bewertung)

Stützung und
Verfeinerung der
Bewertung durch
wirkungsbasierte
Risikoabschätzung
(Effektbasierte
Bewertung)

Abbildung 4.1: Modell "Short Range Chemicals"

Als Endpunkte werden Persistenz und räumliche Verteilung definiert. Die Bewertung erfolgt expositionsbasiert. Für die Stoffauswahl werden die Eigenschaften „Persistenz" und „räumliche Verteilung" zugrunde gelegt. Im Einzelnen bedeutet das, dass Chemikalien, die Langzeitexpositionen und weiträumige Expositionen verursachen, identifiziert und ausgeschlossen werden sollen. Denn diese Chemikalien führen allein schon durch ihre Langlebigkeit und ihre weiträumige Verteilung zu schwerwiegenden Umweltwirkungen. Solche Chemikalien sollen allein aufgrund dieser Eigenschaften nicht verwendet, sondern substituiert werden. Im Modell „Short Range Chemicals" findet keine Bewertung der inhärenten Sicherheit des Stoffes statt. Es wird auch nicht die Aussage getroffen, dass Stoffe mit niedriger Persistenz und geringer räumlicher Verteilung harmlos sind. Es sollen vielmehr nicht persistente Chemikalien mit geringer räumlicher Reichweite identifiziert und ausgewählt werden.

Danach erfolgt die effektbasierte Bewertung. Hier wird die Bewertung durch eine wirkungsbasierte Risikoabschätzung gestützt und verfeinert. Es sollen Chemikalien identifiziert werden, die ein möglichst geringes

Maß an gefährlichen Eigenschaften besitzen. Die Charakterisierung des Risikos erfolgt auf lokaler Ebene durch Bildung des Quotienten aus PEC (Predicted Environmental Concentration) und PNEC (Predicted No Effect Concentration). Aus den gewonnenen Erkenntnissen können Standards für den Arbeitsschutz und den lokalen Umweltschutz entwickelt werden. Damit wird das Wirkungspotential eines Stoffes mit dem Ziel ermittelt, den Stoff mit dem geringsten Potential für schädliche Wirkungen auf Mensch und Umwelt aus der Gruppe von Stoffen mit geringer räumlicher Verteilung auszuwählen.

Das Modell „Short-Range Chemicals" ist vorsorgeorientiert. Mithilfe des Modells werden weiträumige und langfristige Expositionen von Mensch und Umwelt erkannt. Es werden aber keine Eintrittswahrscheinlichkeiten ermittelt. Da Eintrittswahrscheinlichkeiten damit nicht bekannt sind, kann auch keine kalkulierbare risikoorientierte Bewertung erfolgen. Zur Vorsorge sollten die Verwendung solcher Stoffe allein aufgrund der expositionsbasierten Bewertung (hohe Persistenz und räumliche Verteilung) vermieden und Alternativen gesucht werden. Durch die beiden Einzelbewertungen kann der Nutzer problematische Wirkungen erkennen, geeignete Schutzmaßnahmen ableiten und geeignete Ersatzstoffe zur Substitution identifizieren. [BUNKE, 2010]

4.2.2 Einfaches Maßnahmenkonzept für Gefahrstoffe

Das „Einfache Maßnahmenkonzept für Gefahrstoffe (EMKG)" der Bundesanstalt für Arbeitsschutz und Arbeitsmedizin ist eine Handlungsanleitung zur Gefährdungsabschätzung für Tätigkeiten mit Gefahrstoffen. Damit ist es eine Methode aus dem Bereich des Arbeitsschutzes. Die Gefährdungsbeurteilung ist vor der Aufnahme der Tätigkeiten mit Gefahrstoffen durch den Arbeitgeber durchzuführen. Für die Aufnahmepfade über die Haut (dermal) und die Lunge (inhalativ) liegt das EMKG vor. Die Methode geht schrittweise vor (siehe Abbildung 4.2). Benötigt werden Informationen, die im Betrieb selbst vorliegen oder durch die Sicherheitsdatenblätter an der Lieferkette entlang transportiert werden. Es gibt drei aufeinander aufbauende Schutzstufen.

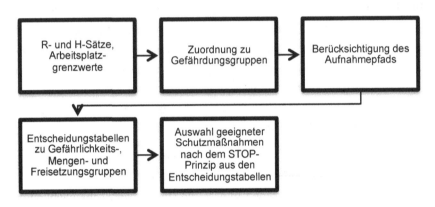

Abbildung 4.2: Einfaches Maßnahmenkonzept für Gefahrstoffe

Als Basis der Bewertung gelten die Risiko- und Sicherheitssätze (R- und S-Sätze), die Gefahren- und Sicherheitshinweise (H- und P-Sätze) aus der GHS-Kennzeichnung (GHS: global harmonisiertes System zur Einstufung und Kennzeichnung von Chemikalien) sowie die Arbeitsplatzgrenzwerte aus der TRGS 900 (TRGS: Technische Regeln für Gefahrstoffe). Hinzu kommen für den inhalativen Aufnahmepfad Angaben zur gehandhabten Menge, der Tätigkeitsdauer und dem Freisetzungsverhalten verschiedener Mengengruppen. Beim dermalen Aufnahmepfad werden zusätzlich Angaben zur Wirkfläche des Hautkontakts und der Wirkdauer des Hautkontaktes benötigt. Nach Berücksichtigung der Angaben erfolgt die Zuordnung zu Gefährlichkeitsgruppen. Über beigefügte Entscheidungstabellen erfolgt die Auswahl von Schutzmaßnahmen über Gefährlichkeits-, Mengen- und Freisetzungsgruppen. Darüber hinaus erfolgt eine Substitutionsprüfung. Die Methode ist durchlaufen, wenn die Substitutionsprüfung erfolgt ist, die erforderlichen Schutzmaßnahmen für Beschäftigte und Dritte umgesetzt wurden und die Wirksamkeitsprüfung erfolgreich war.

Das EMKG unterscheidet zwischen Einzelstoffen und Zubereitungen. Es ist ausschließlich auf den Arbeitsschutz bezogen und bewertet Gefahrstoffe. Damit ist keine Vorsorge im eigentlichen Sinn möglich. Es ist auf inhärent nicht sichere Chemikalien bezogen [BUNKE, 2010]. Darüber hinaus ist zu berücksichtigen, dass die Einzelstoffe und Zubereitungen verfahrenstechnisch bedingt keine Reinstoffe darstellen, sondern technische Gemische sind.

Die TRGS 400 zur Gefährdungsbeurteilung für Tätigkeiten mit Gefahrstoffen sieht ein detaillierteres Vorgehen bei der Informationsermittlung vor und kann in Ergänzung genutzt werden (siehe Anhang A.8).

4.2.3 Konzept des Umweltbundesamtes für nachhaltige Chemie

Das Konzept des Umweltbundesamtes für nachhaltige Chemie definiert drei wesentliche Aspekte und deren Anforderungen: Inhärente Sicherheit, besonders gefährliche Stoffe und nachhaltige Chemie.

Grundsätzlich darf es kein Risiko durch einen Stoff geben, wenn die Grundregeln des sicheren Umgangs mit Chemikalien eingehalten werden. Für eine nachhaltige Chemie darf es keine kurz- oder langfristigen Probleme nach der Freisetzung geben. Gleiches gilt für die Eigenschaft der Persistenz, große Verbreitung und irreversible Wirkungen.

Die Produktion und Verwendung besonders gefährlicher Stoffe muss eingeschränkt bzw. verboten werden. Selbiges gilt für CMR-Stoffe (karzinogen, mutagen, reprotoxisch - krebserzeugend, erbgutverändernd, fortpflanzungsgefährdend) oder endokrin-wirksame Stoffe sowie kritische Umweltchemikalien. Hierzu zählen insbesondere langlebige (persistente), anreicherungsfähige (bioakkumulierende) und toxische Stoffe (PBT-Stoffe) und sehr persistente und sehr bioakkumulierende Stoffe (vPvB-Stoffe). Diese sind im Anwendungsbereich der REACh-Verordnung zulassungspflichtig.

Nachhaltige Chemikalien besitzen demnach keine gefährlichen Eigenschaften, lösen keine Schadwirkungen aus und sind in der Umwelt nicht langlebig (kurze Aufenthaltsdauer bis zum Abbau). Darüber hinaus dürfen sich die Chemikalien nicht in Organismen anreichern.

Darüber hinaus sind Bedingungen an die Herstellung, Verarbeitung und Anwendung zu stellen. Es sind folgende Informationen zu ermitteln:

- spezifischer Ressourcenbedarf (Herstellung: Energie-, Roh- und Hilfsstoffe)
- Ausbeute bei der Herstellung und Atomökonomie der Herstellungsreaktion
- Umweltbelastungen entlang des Lebenswegs
- vertretbare Funktionalität (Funktionsbedienung der gefährlichen Eigenschaft (Brennstoff muss entzündlich, ein Pestizid giftig und eine Säure ätzend sein.))

Das Konzept des Umweltbundesamtes formuliert folgende Anforderungen an eine nachhaltige Chemikalie (siehe Abbildung 4.3):

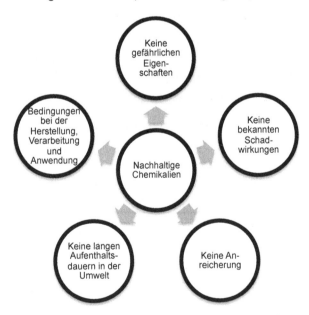

Abbildung 4.3: Konzept des Umweltbundesamtes für nachhaltige Chemie

Das Konzept kennt zwei relevante Bereiche für nachhaltige Chemikalien. Als erster Bereich wurde die nachhaltige Produktion und Verarbeitung als relevant identifiziert. Der zweite Bereich behandelt die nachhaltige Gestaltung von Chemikalien und Produkten. Bei der nachhaltigen Produktion und Verarbeitung bzw. deren Bewertung kommt es besonders auf die Kriterien aus dem Anhang IV der IVU-Richtlinie an. Chemieproduktion ist dann besonders nachhaltig, wenn möglichst wenig Energie und Ressourcen verbraucht werden. Daraus folgt, dass die Ressourcen möglichst effizient eingesetzt werden müssen. Prozesse sind zu optimieren und innovative Ansätze zu verfolgen. Die Ökotoxizität muss möglichst gering sein. Es sind - bei günstigerer CO_2-Bilanz - bevorzugt nachwachsende Rohstoffe zu nutzen. Anlagen sind störfallsicher zu errichten und zu betreiben. Bei Chemikalien und Produkten ist das primäre Ziel, Chemikalien im Rahmen der Anwendungen sicher zu verwenden. Der Anteil inhärent sicherer Chemikalien - insbesondere in offenen Anwendungen - soll steigen.

Das Konzept des Umweltbundesamtes für nachhaltige Chemie bewertet Einzelstoffe in Bezug auf den Umweltschutz. Ein höherer Anteil inhärent sicherer Stoffe führt zu einer höheren Anzahl eigensicherer Produkte. Im Konzept wird der gesamte Lebensweg betrachtet. Aus den Ergebnissen können positive Entwicklungen für den Arbeitsschutz und den Umweltschutz abgeleitet werden. [BUNKE, 2010]

Offen bleibt bei kritischer Auseinandersetzung mit dem Konzept unter anderem die Frage, was bekannte Schadwirkungen sind. Eine Definition enthält das Konzept nicht. Die Nutzung dieses Begriffs ist zu wenig differenziert und bleibt ungefähr.

4.2.4   Benign by design

Das Hauptziel der Methode „Benign by design" ist die gezielte Entwicklung in der Umwelt gut abbaubarer Chemikalien (siehe Abbildung 4.4). Die Methode entstammt der Pharmazie und soll die Voraussetzungen dafür schaffen, dass Stoffe entwickelt werden, die sich nach der Anwendung rasch und vollständig abbauen. Der Ansatz betrifft sowohl die Modifikation neuer Wirkstoffe als auch den Umbau bekannter Leitsubstanzen. Das neue Design führt zu einer verminderten Belastung des Abwassers und der Umwelt. Zu Grunde liegt folgende Ansicht: Das Molekül wird über die Umgebungsbedingungen bei der Anwendung stabilisiert. Nach Entlassung in die Umwelt fallen die Stabilisierungsfaktoren weg und der zügige Abbau kann beginnen.

Abbildung 4.4: Darstellung des Konzeptes "Benign by design"

Das gezielte Design der Struktur des betrachteten Moleküls ist das Herzstück der Methode. Stoffe werden aber in der Regel in Gemischen eingesetzt. Bisherige Beispiele beziehen sich auf Arzneimittel und die Prozesschemie, nicht aber auf Gemische oder Erzeugnisse. Das Konzept richtet sich auf den raschen und vollständigen Abbau von Chemikalien aus. Damit werden sowohl der Umweltschutz als auch der Arbeits- und der Verbraucherschutz verbessert. [BUNKE, 2010]

4.2.5   SEEBALANCE der BASF

SEEBALANCE bezeichnet die von der BASF entwickelte „SocioEcoEffiency-Analysis". Es handelt sich um eine Analyse der Eigenschaften von Chemikalien in den drei Dimensionen der Nachhaltigkeit. Neben den Umweltbelastungen und den Kosten, die mit den Chemikalien verbunden sind, werden auch soziale Auswirkungen von Produkten und Produktionsverfahren untersucht und bewertet. Mit der Methode SEEBALANCE soll ein integriertes Instrument zur Produktbewertung zur Verfügung stehen, das alle drei Säulen der nachhaltigen Entwicklung in einem integrierten Instrument vereint und somit nachhaltige Entwicklung mess- und steuerbar macht.

Die Methode weist einzelnen Stakeholdern Aspekte zu, die als Nachhaltigkeitsindikatoren zur Bewertung der Nachhaltigkeit herangezogen werden. Welche Nachhaltigkeitsindikatoren dies im Einzelnen sind, wird nicht transparent dargestellt. Ebenso ist die Wichtung einzelner Aspekte unklar. Es scheint darüber hinaus, dass ökologische Aspekte und Gesichtspunkte der Ressourceneffizienz nicht in ausreichendem Maße Berücksichtigung finden. Durch die Zuordnung der Aspekte auf einzelne Stakeholder entstehen Abgrenzungsprobleme ähnlich wie bei der strikten Trennung der einzelnen Nachhaltigkeitsdimensionen. Die Methode befindet sich zurzeit in der Überarbeitung.

4.3   Normen für eine nachhaltige Entwicklung

Im Folgenden werden öffentlichkeitswirksame Normungsaktivitäten staatlicherseits im Bereich nachhaltiger Chemie bzw. Gesundheit und Umwelt in aller Kürze dargestellt.

Bereits im Jahre 1978 wurde das Zeichen „Blauer Engel" durch das Bundesministerium für Inneres und die Länderumweltminister ins Leben gerufen. Zweck des Umweltzeichens ist es, Verbraucherinnen und Verbraucher, öffentliche Hand und gewerbliche Wirtschaft durch verlässliche Produktinformationen in die Lage zu versetzen, durch eine gezielte Nachfrage nach umweltfreundlichen Produkten ökologische Produktinnovationen zu fördern und damit Umweltbelastungen zu reduzieren. Ausgezeichnet werden Produkte und Dienstleistungen, die in einer ganzheitlichen Betrachtung besonders umweltfreundlich sind und zugleich hohe Ansprüche an Arbeits- und Gesundheitsschutz sowie an die Gebrauchstauglichkeit erfüllen. Die Entscheidung über die Verleihung obliegt einem unabhängigen Gremium aus Vertretern relevanter gesellschaftlicher Gruppen, die auf Grundlage wissenschaftlich begründeter Kriterien über die Verleihung des Zeichens auf Antrag entscheiden. [BMU, 2010]

Bei der Betrachtung der einzelnen Produkte ist aber zu berücksichtigen, dass das Zeichen nicht allgemein, sondern aufgrund der Erfüllung eines Schutzziels vergeben wird. Somit handelt es sich nicht per se um ein umweltfreundliches oder nachhaltiges Produkt, sondern vielmehr um ein Produkt, dass bezogen auf Konkurrenzprodukte relativ betrachtet Vorteile im jeweils betrachteten Schutzziel aufweist. Die Produktgruppen werden derzeit in die vier verschiedenen Schutzziele Klimaschutz, Ressourcenschutz, Schutz der Gesundheit und Schutz des Wassers eingeordnet [BMU, 2010].

Darüber hinaus liegt ein Nachteil von nationalen Umweltzeichen in dem häufig eingeschränkten Geltungsbereich. In Zeiten globalisierter Märkte und globaler Herausforderungen im Umweltschutz greift die lokale Betrachtungsweise zu kurz. Gleichzeitig treten viele Zeichen gegenseitig in Konkurrenz - unter Umständen auch mit der Umweltgesetzgebung [BITKOM, 2011].

Aus dem „Blauen Engel" entwickelten sich alsbald internationale Aktivitäten, um Umweltsiegel und Anforderungen an diese einheitlich zu formulieren [DADDI/IRALDO/TESTA, 2015]. Zurzeit stellt die ISO 14024:2001-02 den Stand der Technik dar. Inzwischen existiert eine Vielzahl von

Umweltzeichen. Hierzu gehören neben dem „Blauen Engel" unter anderem das ÖkoControl-Siegel für Möbel, Polstermöbel und Matratzen, das FSC-Siegel für Einrichtungsgegenstände aus Holz und Holzprodukten, das EU-Energy-Star-Siegel für Bürogeräte oder die EU-Umweltblume für besonders umweltfreundliche Produkte. Bei all diesen Umweltzeichen gibt es unterschiedliche Auffassungen zu Aussagekraft und Kriterien zur Auszeichnung [KLEIN, 2011].

Die EU hat ihrerseits bereits 1993 im Rahmen ihres Ziels zur Schaffung einer nachhaltigen Industriepolitik ein eigenes freiwilliges Umweltmanagementsystem implementiert (vgl. Verordnung (EWG) Nr. 1836/93). Die aktuelle Verordnung stammt aus dem Jahr 2009 (Verordnung (EG) Nr. 1221/2009). Aus dem Charakter der EU-Verordnung folgt eine unmittelbare Rechtsverbindlichkeit in allen Mitgliedsstaaten (vgl. Art. 288 Abs. 2 AEUV). Gleichzeitig folgt daraus für das akkreditierte Unternehmen ein höheres Maß an Rechtssicherheit [MOOSMAYER et.al., 2015]. In der Verordnung wird ein Gemeinschaftssystem für das Umweltmanagement und die Umweltbetriebsprüfung (EMAS) formuliert.

Das Ziel von EMAS (Eco-Management and Audit Scheme) besteht darin, kontinuierliche Verbesserungen der Umweltleistung von Organisationen zu fördern. Erreicht werden soll dieses Ziel durch verschiedene Schritte:

1. Organisationen errichten Umweltmanagementsysteme und wenden diese an,
2. die Leistung dieser Systeme wird einer systematischen, objektiven und regelmäßigen Bewertung unterzogen,
3. Informationen über die Umweltleistung der Unternehmen werden vorgelegt,
4. Es wird ein offener Dialog mit der Öffentlichkeit und anderen interessierten Kreisen geführt und
5. die Arbeitnehmer der Organisationen werden aktiv beteiligt und erhalten eine angemessene Schulung (vgl. Art. 1 EMAS III).

EMAS steht weltweit Unternehmen jeder Größenordnung und Branche zur Verfügung. Insbesondere werden alle Anforderungen der ISO 14001 erfüllt. Während sich die ISO 14001 auf die Verbesserung des Managementsystems konzentriert, verpflichten sich EMAS-Organisationen zu einer kontinuierlichen Verbesserung ihrer Umweltleistung über gesetzliche Anforderungen hinaus [MOOSMAYER et.al., 2015]. Zum Ende des Jahres 2014 waren in Deutschland 1.223 Organisationen mit 1.926 Standorten EMAS-akkreditiert [FLECHTNER, 2015].

Grundsätzlich ist das EMAS-System bei Unternehmen und Gewerkschaften anerkannt [IMBUSCH/RUCHT, 2007]. In der Regel wird Kritik an dem mit einer Akkreditierung verbundenen Aufwand laut. Da eine Zertifizierung nach ISO 14001 mit geringeren Anforderungen für die Unternehmen verbunden und die Verbreitung dieses internationalen Standards größer ist, entscheiden sich aber weiterhin viele Unternehmen für die ISO-Zertifizierung. Die EMAS-Verbreitung stagniert deshalb im Großen und Ganzen bzw. ist leicht rückläufig [FLECHTNER, 2015]. Entscheidende Kritik kommt immer wieder an der EMAS-Akkreditierung auf, wenn Unternehmen akkreditiert werden, die große Umweltprobleme verursachen. Die Kritik des „Green-Washing" kommt dabei immer wieder auf [BUND, 2014]. Die Formulierung einzelner Indikatoren kann Zielkonflikte und Wechselwirkungen verschleiern und somit die eigentlichen Konflikte bei Entscheidungsprozessen überdecken [GEHRLEIN, 2013]. Gleichzeitig wird kritisiert, dass in der Regel nur Umweltinvestitionen durchgeführt werden, die sich finanziell lohnen. Maßnahmen, die einen erheblichen Einfluss auf die Reduktion von Umweltbelastungen haben, sind aber mit großen finanziellen Belastungen verbunden und nicht immer profitabel [POULSEN/ STRANDESEN, 2011]. In den publizierten Berichten werden jede Menge Daten und Fakten generiert, die untereinander aber keinen Vergleich ermöglichen. Insoweit wird die Festlegung verbindlicher Indikatoren für eine bessere Vergleichbarkeit gefordert [POULSEN/STRANDESEN, 2011]. Inwieweit bei einer Reform die Forderung, umweltbezogene Leistungsanforderungen zu formulieren, die über die gesetzlich vorgegebenen Mindestanforderungen hinausgehen, erfüllt werden kann, ist fraglich. In der Literatur findet sich aber auch direkte Kritik an der Auswahl der Indikatoren. Viele seien nur „theoretische" Größen oder „Allgemeinplätze". Gleichzeitig wird die jährliche Erhebung der Indikatoren als zu langfristig für den operativen Bereich angesehen. Für die langfristige Planung sei dies aber nicht erheblich [GEHRLEIN, 2013].

Die Diskussion des Themas „Grüne Chemie" und „EMAS" zeigt, dass diese Ansätze immer noch nicht zu zufriedenstellenden Lösungen führen. Isabelle Rico-Lattes von der Universität Toulouse stellt hierzu folgendes fest: „Der Begriff „Grüne Chemie" wird durch einige Wissenschaftler immer noch dazu genutzt, um sich nicht an die Prinzipien einer nachhaltigen Chemie halten zu müssen. Wir könnten das wissenschaftliches Greenwashing nennen. Nur weil das Produkt in einem der Produktionsschritte grüner ist, sind die Anforderungen an nachhaltige Chemie nicht eingehalten. Nachhaltige Chemie umfasst alle Schritte von der Entwicklung über die Produktion bis zur Entlassung einer Substanz in die Umwelt." [LLORED, 2014]

In eine ähnliche Richtung geht das Beispiel des Palmöls. Palmöl ist pflanzliches Öl und kostengünstiger Rohstoff für zahlreiche Produkte des alltäglichen Lebens. Palmöl gilt allerdings auch als einer der Hauptgründe, für die Abholzung tropischer Regenwälder zur Schaffung von Anbaufläche. Zur Minderung der Auswirkungen des Anbaus der Palmfrüchte wurde der internationale „Roundtable on Sustainable Palm Oil (RSPO)" gegründet, in dem sich die Unternehmen verpflichten, Mindeststandards einzuhalten [KASTILAN, 2015]. Die Kritik der Umweltverbände bleibt aber bestehen, wonach unter anderem die Anbauformen weiterhin umweltzerstörend sind und die Schaffung von Monokulturen per se nicht umweltschonend sein kann [GREENPEACE, 2013]. Insoweit scheint die Einrichtung und der Betrieb dieses Zertifizierungssystems auch „Green-Washing" zu sein.

Nachdem nun die einzelnen aktuellen Ansätze der nachhaltigen Chemie einschließlich ihrer Kritik vorgestellt worden sind, wird die Entwicklung einer neuen Methode zur Nachhaltigkeit von Chemikalien im Folgenden dargestellt. Dabei steht der eigentliche Ansatz im Gegensatz zu dem bisher praktizierten. Die Substanzen sollen entlang ihres gesamten Lebensweges schadstoffarm und energieschonend sein sowie auf nachwachsenden Ressourcen basieren [CONNECAT, 2006]. Damit muss für eine nachhaltige Chemie eine neue Methode entwickelt werden, um tatsächlich einen Schritt weiter in Richtung nachhaltige Entwicklung zu gehen.

5 Entwicklung einer neuen Methode zur Nachhaltigkeit von Chemikalien

Dieses Kapitel beschreibt das Vorgehen, um die Zielsetzung sowie die dargestellten Teilziele zu erreichen (vgl. Kapitel 2.1). Wie bereits deutlich gemacht, greifen die bereits etablierten Methoden zur Untersuchung und Bewertung der Nachhaltigkeit zu kurz oder sind zu abstrakt, um für eine Analyse herangezogen zu werden. Es wird aufgezeigt, welche Schritte erforderlich waren, um ein integratives System für Nachhaltigkeitsindikatoren aufzubauen, das den Vergleich zweier Produktsysteme im Bereich von Chemikalien - und damit die Auswahl des nachhaltigeren Produktes - ermöglicht. Die Praktikabilität wird anhand eines aktuell relevanten Anwendungsbeispiels (Substitutionsprüfung nach REACh-Verordnung) gezeigt.

Die entwickelte Methode wird „Sustainable Decisio (SusDec)" getauft. „SusDec" ist eine Methode zur Operationalisierung der Nachhaltigkeit. Sie wendet sich an Experten und basiert auf dem anerkannten Vorgehen bereits bestehender Methoden. Die neue Methode bezieht sich auf Schutzgüter, erzeugt ein eindeutiges Ergebnis, normiert die Belastungen und priorisiert sie.

5.1 Anforderungen an die neue Methode „Sustainable Decisio (SusDec)"

Im Rahmen von „SusDec" sollen die Auswirkungen von Produktsystemen auf die Nachhaltigkeit analysiert und bewertet werden. Die Resultate vergleichbarer Produktsysteme werden mit dem Ziel verglichen, das nachhaltigere Produktsystem zu identifizieren und auszuwählen. Insoweit wird die ökologisch-orientierte UBA-Methode auf die Anforderungen von „SusDec" erweitert. Die Methode soll Unternehmenslenkern eine

Entscheidungshilfe an die Hand geben, mit der sie im Entscheidungsfall das „nachhaltigere" Produkt auswählen können. Die Methode kann aber auch von Aufsichtsbehörden und von NGOs genutzt werden, um die Entscheidungen des Unternehmens zu überwachen und kritisch zu begleiten.

„SusDec" ist eine Multi-Score-Methode. Es erfolgt ein intersystemarer paarweiser Vergleich zweier Produktsysteme. Damit die Vergleichbarkeit verschiedener Indikatoren sichergestellt werden kann, müssen nutzengleiche Systeme formuliert werden [UBA, 1999]. Für die Bewertung der Resultate der Analyse der Indikatorergebnisse müssen Schutzgüter aus dem Bereich der Ökologie, der Ökonomie und dem sozialen Bereich formuliert werden. Den Schutzgütern werden Indikatoren zugeordnet. Diese werden entweder bereits verwendet oder neu eingeführt. Die Indikatoren müssen Auswirkungen auf das Schutzgut quantifizieren können. Um Kompensationseffekte und Überbewertungen kleiner Unterschiede auszuschließen, werden die Indikatoren hierarchisiert. Je höher das Schadpotential für das Schutzgut, desto größer ist das Gewicht des Indikators. Außerdem werden für die Indikatoren Ziele formuliert, sodass der Abstand zwischen dem aktuellen Zustand und dem Zielzustand messbar wird (Distance-to-target). „SusDec" orientiert sich dabei am bestehenden und am angestrebten Zustand. Dafür werden die aktuelle und die vertretbare Belastung miteinander verglichen. Die Resultate führen zu einer Rangfolgenbildung. Je größer der Unterschied zwischen aktuellem und angestrebtem Zustand ist, desto größer ist auch das Schutzbedürfnis des Schutzgutes.

Damit „SusDec" die notwendigen Anforderungen an Nachvollziehbarkeit und Transparenz erfüllen kann, sollten die verwendeten Datenquellen frei zugänglich sein. Zumindest aber sind die Datenquellen zu benennen oder Festlegungen kenntlich zu machen und zu begründen. Eine unzureichende Datenlage kann dazu führen, dass Festlegungen und Annahmen getroffen werden, die empirisch nicht in ausreichender Weise belegt oder nicht objektiv begründbar sind. Aus diesem Grunde ist die Fehlerbetrachtung von besonderer Bedeutung und eine Sensitivitätsanalyse sollte erfolgen. Damit kann der Einfluss bestimmter Annahmen auf die Aussagekraft des Endergebnisses bestimmt werden. Bei einer Sensitivitätsanalyse werden die als potentiell ergebnisrelevant eingeschätzten Parameter variiert und die dadurch induzierte Änderung des Ergebnisses betrachtet. Die Regierungen der einzelnen Staaten haben eigene, politisch motivierte Indikatoren. Hier ist „SusDec" ausreichend flexibel zu gestalten, da bei einem Wechsel in der Administration eine Änderung der Indikatorenliste wahrscheinlich ist [BUNDESREGIERUNG, 2012]. Eine Vergleichbarkeit der Situation vor und nach der Änderung der Indikatorenliste muss aber erhalten bleiben.

Darüber hinaus müssen verschiedene Anforderungen an das Indikatorensystem unter „SusDec" gestellt werden. Die Indikatoren müssen direkt auf eine Chemikalie bezogen sein. Das bedeutet, dass die Indikatoren Auswirkungen durch eine Chemikalie unmittelbar quantifizieren können müssen. Beispielsweise werden bei der Herstellung einer Masse X eines Lösungsmittels Y eine Menge Z CO_2-Äquivalente freigesetzt. Der Indikator „Global Warming Potential" steht unmittelbar mit der Chemikalie in Verbindung und wäre deshalb für eine Untersuchung und Bewertung unter „SusDec" relevant. Eine Verbindung zwischen dem Indikator „Mordrate pro 100.000 Einwohner" und dem Lösungsmittel Z würde hingegen nur konstruiert werden können. Dieser Indikator wäre unter „SusDec" nicht zu betrachten.

Bestehende Indikatorensysteme betrachten alle möglichen Ebenen. Oftmals werden Indikatoren gewählt, über die keine unmittelbare Verbindung zum Produkt hergestellt werden kann. Hierzu gehört zum Beispiel auch das europäische Indikatorensystem. Hier wird als einer der Indikatoren beispielsweise die „Lebenserwartung" für die Bevölkerung der Mitgliedsstaaten der EU erhoben [EUROSTAT, 2007]. Die Bundesregierung plant in ihrer Nachhaltigkeitsstrategie neben den Verhandlun-

gen bei der UN direkte Verhandlungen zum Klimaschutz mit ausgewählten Entwicklungs- und Schwellenländern [BUNDESREGIERUNG, 2012].
Beide Beispiele sind für eine produkt- bzw. substanzbezogene Nachhaltigkeitsbewertung nicht zielführend. So könnte beispielsweise die Produktion einer Ware aus einem Mitgliedsstaat mit einer geringeren Lebenserwartung in einen Mitgliedsstaat mit einer höheren verlagert werden. Damit würde für die Ware ein besseres Resultat im Indikator erreicht und eine höhere Nachhaltigkeit suggeriert werden, ohne dass das
System tatsächlich nachhaltiger wäre. Aus diesem Grund werden die
Indikatoren für „SusDec" auf die Chemikalie bzw. die Arbeitsumwelt bezogen. So bleibt die Produktbezogenheit in jedem Fall gewahrt.

Die Indikatoren werden direkt aus ökologischen, ökonomischen oder
sozialen Aspekten der Schutzgüter abgeleitet. Es muss zumindest indirekt die Verbindung zwischen Entscheidungsproblem und Auswirkung
hergestellt werden (Kausalität). Besser wäre aber der Nachweis der
Kulpabilität. Hier wird direkt die Verbindung zwischen Entscheidung und
Auswirkung hergestellt [PÄTZOLD, 2010].

Die jeweiligen gesellschaftlich anerkannten Nachhaltigkeitsziele lassen
sich in Nachhaltigkeitsstrategien und auch in der Gesetzgebung finden.
Besonders relevant sind Übereinkünfte auf multinationaler Ebene. Für
das Indikatorensystem zur Untersuchung und Bewertung der Nachhaltigkeit unter „SusDec" wurden die Indikatoren an die Nachhaltigkeitsziele
und die maßgebliche Gesetzgebung der EU angelehnt.

Von der Rechtssystematik her finden sich die elementaren Staatsziele in
der Verfassung des jeweiligen Staates oder Staatenbundes wieder. Politische Zielsetzungen lassen sich in Gesetzen und Rechtsverordnungen
finden, die als politisches Gestaltungsinstrumentarium gelten. An dieser
Stelle sei auf die Rechtshierarchie verwiesen. Da die Anwendung von
„SusDec" nicht auf die Bundesrepublik Deutschland beschränkt sein soll,
werden die Schutzgüter nicht aus deutschen Vorschriften, sondern aus
dem AEUV abgeleitet.

Die Präambel zum AEUV enthält zwei Kernziele der EU, die besondere Relevanz für die Nachhaltigkeit haben:

Das erste Kernziel findet sich in dem Entschluss, durch gemeinsames Handeln den wirtschaftlichen und sozialen Fortschritt ihrer Staaten zu sichern, indem die Mitgliedsstaaten die Europa trennenden Schranken beseitigen. Das zweite Kernziel zeigt sich in dem Vorsatz, die stetige Besserung der Lebens- und Beschäftigungsbedingungen ihrer Völker als wesentliches Ziel anzustreben.

Der Titel II enthält „allgemein geltende Bestimmungen", von denen zwei Artikel für das Thema Nachhaltigkeit relevant sind. So verpflichtet Artikel 11 AEUV die Mitgliedsstaaten, den Umweltschutz - insbesondere zur Förderung der nachhaltigen Entwicklung - in die Unionspolitiken und -maßnahmen zu integrieren. Aus Artikel 9 AEUV werden die vier Schutzgüter abgeleitet. Er verpflichtet unter anderem

- zur Förderung eines hohen Beschäftigungsniveaus,
- zur Gewährleistung eines angemessenen sozialen Schutzes,
- zur Bekämpfung der sozialen Ausgrenzung sowie
- zu einem hohen Niveau der allgemeinen und beruflichen Bildung und
- zu einem hohen Niveau des Gesundheitsschutzes.

Die Anforderungen an die zu entwickelnde Methode sind nun beschrieben worden. Damit kann das Vorgehen bei der Durchführung von „SusDec" beschrieben werden. Das folgende Unterkapitel wird deshalb die einzelnen zu durchlaufenden Teilschritte aufführen und erste konkretisierende Vorgaben für die Ausführung der einzelnen Teilschritte mache

5.2 Durchführung von „SusDec"

Im ersten Schritt werden die zu berücksichtigenden abstrakten Schutzgüter ausgewählt und definiert. Dann müssen die Schutzgüter im zweiten Schritt durch Nachhaltigkeitsindikatoren konkretisiert werden. In dieser Phase erfolgt auch eine erste Verdichtung der Nachhaltigkeit auf einzelne ihrer Aspekte. Der dritte Schritt umfasst die Ermittlung der Ergebnisse für die einzelnen Indikatoren. Aufgrund dieser Ergebnisse können die Mehrbelastungen für das eine oder das andere Produkt in einem vierten Schritt ermittelt werden. Im fünften und vorletzten Schritt erfolgt die Priorisierung der Mehrbelastungen. Die Mehrbelastungen werden nicht paritätisch gewichtet, da sie von unterschiedlicher Relevanz sein können. Das Auftreten etwaiger Kompensationseffekte kann so vermieden werden. Nach erfolgter Priorisierung erhält man ein Resultat, aus dem im letzten Schritt Handlungsstrategien abgeleitet werden können.

„SusDec" besteht somit aus sechs Teilschritten, die Abbildung 5.1 entnommen werden können:

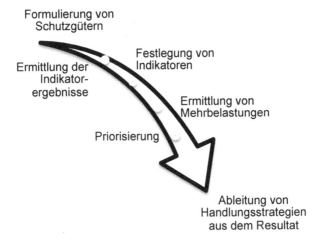

Abbildung 5.1: Schematische Darstellung des Ablaufs von "SusDec"

Wie bereits skizziert, werden die Schutzgüter aus politischen Zielsetzungen abgeleitet. Durch die Ausrichtung der Nachhaltigkeit mit ihren ökologischen, ökonomischen und sozialen Dimensionen müssen die Schutzgüter alle entsprechenden Aspekte abdecken. Da „SusDec" direkt

auf Chemikalien bezogen ist, werden sowohl Schutzgüter als auch Indikatoren so gewählt, dass sie auf das Produkt bezogen und messbar
sind.

Es wird eine relative Methode zur Bestimmung eines nachhaltigen Substitutionsproduktes entwickelt. Hierbei werden Indikatoren für einzelne
Nachhaltigkeitsaspekte eingeführt. Der additive Zusammenhang zwischen den einzelnen Indikatoren wurde bereits eingeführt. Diese werden
für das Produktsystem A und das Produktsystem B bestimmt und ins
Verhältnis gesetzt. Dieser Ansatz wird im Folgenden als „Single-Score-
Ansatz" bezeichnet.

Die Methode ist auswirkungsbezogen gestaltet. Es werden also die
Schädigungen an den einzelnen Schutzgütern durch das Produkt betrachtet. Die Methode berücksichtigt weiterhin die Idee der „cradle-to-
grave"-Strategie. Hierbei werden alle Auswirkungen des Produktes von
der Herstellung über die Nutzung bis hin zur Entsorgung des Produktes
in die Betrachtung mit einbezogen. Darüber hinaus werden die Produkte
nicht massen- oder volumenbezogen miteinander verglichen, sondern es
werden Nutzeneinheiten definiert und miteinander verglichen. Zum Beispiel können diejenigen Massen miteinander verglichen werden, die
benötigt werden, um einen Quadratmeter gleicher Oberfläche zu lackie-
ren. Hierbei ist es möglich, dass aufgrund eines unterschiedlichen Wir-
kungsgrades der Produkte unterschiedliche Massen benötigt werden.
Für dieses Beispiel müssen einheitliche Nutzeneinheiten definiert werden.

Die vier Schutzgüter werden paritätisch gewichtet. Somit wird keines der
Schutzgüter bevorteilt und es kommt nicht zu einer Einfärbung des Un-
tersuchungsergebnisses. In die vier Schutzgüter wiederum fließen mehrere Indikatoren mit ein. Diese müssen nicht zwangsläufig paritätisch
gewichtet werden, zum Beispiel können sie unterschiedlich schwere
Auswirkungen auf das jeweilige Schutzgut haben.

Ein Produktsystem A kann dann als nachhaltiger als Produktsystem B angesehen werden, wenn der Quotient kleiner als 1 ist. Im Vorfeld einer Entscheidung sollten die Produktsysteme aus Kosten-Nutzen-Gesichtspunkten kontrolliert werden und diejenige Alternative mit dem kleinsten Quotienten ausgewählt werden.

Neben dem Single-Score-Ansatz gibt es einen Multi-Score-Ansatz des Umweltbundesamtes, der unter „SusDec" ebenfalls modifiziert zur Anwendung kommt. Bei dem Ansatz des Umweltbundesamtes [UBA, 1999] handelt es sich um eine teilaggregierende Methode, die inzwischen nicht nur bei der Bewertung von Ökobilanzen durch das Umweltbundesamt genutzt wird, sondern auch Anwendung in Ökobilanzsoftware z. B. „Umberto" oder „GaBi" findet. Die Methode vergleicht nutzengleiche Produktsysteme oder Prozesse miteinander. Die Methode beinhaltet die Durchführung der verbindlichen Schritte einer Wirkungsabschätzung nach DIN 14040. Die einzubeziehenden Wirkungskategorien (Nachhaltigkeitsindikatoren) werden in diesem Kapitel vorgestellt.

Die Resultate aus dem Multi-Score-Ansatz (Indikatorenergebnisse) werden mit dem bereits aufgestellten Single-Score-Ansatz verknüpft. Hierfür werden die Indikatorenergebnisse zu Mehrbelastungen umgerechnet, die Mehrbelastungen werden bewertet und damit priorisiert. Daraufhin erfolgt eine Rangfolgenbildung und die Verknüpfung mit dem Single-Score-Ansatz.

Aus der Definition der Nachhaltigkeit wurden vier entscheidende Aspekte isoliert, die unter „SusDec" als Schutzgüter definiert werden. Sie repräsentieren die einzelnen Dimensionen der Nachhaltigkeit.

1. Menschliche Gesundheit
2. Struktur und Funktion der Ökosysteme
3. Natürliche Ressourcen
4. Wirtschaftlicher Wohlstand

Die Schutzgüter werden in einzelne Kategorien aufgeteilt, die Aspekte vertreten, die von besonderer Bedeutung für das jeweilige Schutzgut sind. Beispielsweise besteht das Schutzgut „Wirtschaftlicher Wohlstand" aus folgenden Kategorien:

1. Innovationen
2. Wirtschaftliche Teilhabe
3. Gleichbehandlung von Mann und Frau

Die jeweiligen Kategorien sind mit Indikatoren versehen, die die Bewertung der Nachhaltigkeit ermöglichen. Im Folgenden wird die Berücksichtigung der Indikatoren begründet und deren Einfluss auf die nachhaltige Entwicklung erläutert. Das Indikatorensystem ist so ausgestaltet, dass die Mehrbelastung des jeweiligen Produktvergleichs gemessen wird. Dabei ist als Mehrbelastung zum Beispiel bei einer Emission, bei Abfallströmen oder bei der Anzahl tödlicher Arbeitsunfälle ein höherer gemessener Wert zu betrachten. Dagegen liegt eine Mehrbelastung im Bereich der Anzahl von Patentanmeldungen, bei Aufwendungen für die betriebliche Gesundheitsförderung oder beim Anteil erneuerbarer Energien bei dem Produkt vor, bei dem der niedrigere Wert gemessen wird. Bei der Berechnung von „SusDec" ist insbesondere diese Eigenschaft des Nachhaltigkeitsindikators zu berücksichtigen.

Die Nachhaltigkeitsindikatoren zeigen konkrete Zahlenwerte für beide zu vergleichenden Chemikalien an. Damit kann die relative Mehrbelastung bestimmt werden.

Bei den Indikatoren, die die Effizienz oder die Produktivität messen, werden Umweltbelastungen pro wirtschaftlicher Leistung gemessen. Auf dem Weg zur nachhaltigen Entwicklung müssen Umweltbelastung und wirtschaftliche Leistung voneinander entkoppelt werden. Der Zielkonflikt zwischen Umweltinanspruchnahme und Wirtschaftswachstum muss durch Änderungen im Wirtschaftssystem oder im Bereich der Umwelteffizienz gelöst werden. Die Beziehung zwischen den Bereichen Umwelt und Ökonomie gilt als erwiesen. Die Verknüpfung von Umweltbelastung und wirtschaftlicher Leistung über Effizienzindikatoren erlaubt es, die Frage der Entkopplung zu analysieren. Eine deutliche Steigerung der Produktivität ohne nennenswerte Mehrbelastung der Umwelt weist auf eine Entkopplung der beiden Größen hin. Entsprechendes gilt für abnehmende Intensitäten. Insbesondere im Zusammenhang mit der Zielsetzung einer nachhaltigen Entwicklung ist die Entkopplung zwischen wirtschaftlicher Entwicklung und Umweltfaktoren als ein Ansatz zur Lösung inhärenter Zielkonflikte ein zentrales Thema. Insofern geht die Bildung von Verhältniszahlen deutlich über das einfache Etablieren einer Verknüpfung zwischen zwei Indikatoren hinaus. [SEIBEL, 2005]

Dieses Unterkapitel hat die Durchführung von „SusDec" in einzelnen Teilschritten beschrieben. Nun muss das Nachhaltigkeitsindikatorensystem, das zur Untersuchung und Bewertung der Nachhaltigkeit der betroffenen Chemikalien genutzt werden soll, erzeugt werden. Wie bereits dargestellt, werden nicht die einzelnen Nachhaltigkeitsdimensionen separat abgeprüft, sondern vielmehr Schutzgüter formuliert, die den integrativen Ansatz von „SusDec" realisieren. Im nächsten Unterkapitel werden also die Schutzgüter, die als relevante Aspekte der Untersuchung zugehörigen Kategorien bis hin zu den einzelnen Nachhaltigkeitsindikatoren dargestellt.

5.3   Design des Nachhaltigkeitsindikatorensystems von „SusDec"

Die formulierten Schutzgüter orientieren sich an den Kernzielen der EU aus den Artikeln 9 und 11 AEUV (siehe Kapitel 5.1). Im Folgenden werden die abstrakten Schutzgüter und die konkretisierenden Nachhaltigkeitsindikatoren vorgestellt sowie deren Auswahl begründet.

5.3.1 Schutzgut „Menschliche Gesundheit"

Das erste der vier Schutzgüter wird als „menschliche Gesundheit" definiert. Die Gesundheit wird in der Verfassung der Weltgesundheitsorganisation (WHO: World Health Organization) als „ein Zustand vollständigen physischen, geistigen und sozialen Wohlbefindens, der sich nicht nur durch die Abwesenheit von Krankheit oder Behinderung auszeichnet" [WHO, 1946] beschrieben. Die politisch Verantwortlichen müssen also die Rahmenbedingungen dafür schaffen, dass über einen möglichst langen Zeitraum der geforderte Zustand auf einem hohen Niveau erhalten bleibt.

Das Schutzgut enthält sowohl den Aspekt von Sicherheit und Gesundheit bei der Arbeit als auch den Drittschutz, der als Immissionsschutz formuliert wird. Das Grundgesetz für die Bundesrepublik Deutschland sichert in Art. 2 jedermann das Recht auf Leben und körperliche Unversehrtheit zu.

Leben, Gesundheit und Wohlbefinden des Menschen bilden als zu schützendes Gut einen Schwerpunkt und werden durch physikalische, chemische und/oder biologische Einwirkungen beeinflusst. Das Schutzgut „menschliche Gesundheit" tritt in einer Vielzahl von Wechselwirkungen mit anderen Schutzgütern auf und hat dort ein hohes Einflusspotential. [GASSNER/ WINKELBRANDT, 2005]

Seit den 1970er Jahren existieren bei der WHO Bestrebungen der vorausschauenden gesundheitlichen Folgenabschätzung [KEMM/PARRY/ PALMER, 2004]. Diese sind bereits in einigen Bereichen wie z. B. dem Bereich der Chemikalien und dem Bereich der Luft- und Gewässerhygiene etabliert. In anderen Bereichen wie bei den umweltvermittelten Krankheiten oder bei „Schadstoffcocktails" besteht die vorausschauende gesundheitliche Folgenabschätzung noch nicht [UBA, 2004].

Im nationalen Recht ist die Idee der vorausschauenden gesundheitlichen Folgenabschätzung unter anderem in den folgenden Regelungen umgesetzt:

- Art. 2 Abs. 2 GG
- § 2 Abs. 1 UVPG
- § 1 Bundesimmissionsschutzgesetz (BImSchG)
- § 1 Abs. 1 und 4 Bundesnaturschutzgesetz (BNatSchG)
- § 1 Wasserhaushaltsgesetz (WHG)
- § 1 Baugesetzbuch (BauBG)
- § 2 Raumordnungsgesetz (ROG)

Weitere Regelungen, die diesem Gedankengang folgen, existieren, sollen an dieser Stelle aber nicht genannt werden.

Nachhaltigkeit ist ein anthropozentrischer Ansatz [DI GIULIO, 2003], also ist das Ziel eine menschenwürdige Existenz. Für eine menschenwürdige Existenz ist die menschliche Gesundheit eine wesentliche Voraussetzung. Diese befindet sich in einem Triangel aus Abhängigkeiten von nachhaltiger Entwicklung, umweltpolitischen Zielen und Gesundheitsschutz [UBA, 2004]. Den effizientesten Schutz der menschlichen Gesundheit stellt die vorsorgliche Verminderung von Emissionen zur Verringerung potentieller Exposition [UBA, 2004] dar. Es handelt sich um einen proaktiven Ansatz; der Schaden soll gar nicht erst eintreten.

Durch den hohen Anteil der Lebensarbeitszeit an der Gesamtlebenszeit und den Gefährdungen vielfältiger Art, denen Beschäftigte im Rahmen ihrer Tätigkeit ausgesetzt sind, kommt in dem Spannungsfeld zwischen Arbeitgeber und Beschäftigtem dem Aspekt „Sicherheit und Gesundheit bei der Arbeit" besondere Bedeutung zu. Neben der moralischen Verantwortung des Arbeitgebers für seine Beschäftigten hat dieser Aspekt auch eine große ökonomische Bedeutung. Durch Arbeitsunfälle und berufsbedingte Erkrankungen werden die Arbeitgeber und die Sozialsysteme durch Produktionsausfall bei Lohnfortzahlung, Lohnersatzzahlungen und Ausgaben für die gesundheitliche Wiederherstellung der Betroffenen belastet. Diese Belastungen hatte im Jahr 1998 einen Anteil von 1,6 Prozent des Bruttoinlandsproduktes; im Schnitt geben internationale Studien einen Anteil von 2,5 Prozent an [LARISCH, 2009]. Das Arbeitsschutzrecht verpflichtet deshalb den Arbeitgeber im Rahmen der Gefährdungsbeurteilung, die Exposition zu bestimmen. Etwaiges Fehlverhalten des Arbeitgebers sanktioniert die Allgemeinheit über Straftat- oder Bußgeldtatbestände. Somit existieren hier belastbare Daten durch Berichtspflichten auf unterschiedlicher Ebene (beispielsweise der jährliche Bericht zu Sicherheit und Gesundheit bei der Arbeit der Bundesregierung). Das Schutzgut „menschliche Gesundheit" wird durch die Kategorien „Sicherheit und Gesundheit bei der Arbeit" vertreten (siehe Abbildung 5.2).

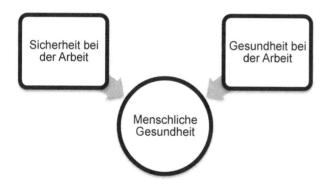

Abbildung 5.2: Schutzgut "Menschliche Gesundheit"

Das Schutzziel „menschliche Gesundheit" enthält damit ökologische, ökonomische und soziale Aspekte.

5.3.1.1   Nachhaltigkeitsindikatoren der Kategorie „Sicherheit bei der
           Arbeit"

Die Kategorie „Sicherheit bei der Arbeit" enthält zwei Nachhaltigkeitsindikatoren:

1. Krankheitstage durch Arbeitsunfälle
2. Tödliche Arbeitsunfälle

5.3.1.1.1   Krankheitstage durch Arbeitsunfälle

Die menschliche Gesundheit ist Teil der grundgesetzlich zugesicherten
körperlichen Unversehrtheit (Art. 2 GG). Sicherheit bei der Arbeit ist ein
Teil dieses Grundrechts. Im Bereich der Unternehmen können zur Darstellung der Sicherheit am Arbeitsplatz die Fehltage aufgrund von Arbeitsunfällen gezählt werden. Diese geben einen Eindruck über das
Schutzniveau der Beschäftigten. Ein hohes Maß von Sicherheit spiegelt
sich in einer geringen Anzahl von Arbeitsunfällen wider. In diesem Fall
treten Gefahren nicht auf, weil sie vermieden oder weit genug verringert
wurden. Die durch Arbeitsunfälle entstandenen Schäden können rever-
sibel sein. Arbeitsunfälle können aber auch bleibende Schäden verursachen, die die Erwerbsfähigkeit des Verunfallten drastisch mindern können. In jedem Fall entsteht dem Unternehmen durch die Ausfallzeiten
ein ökonomischer Schaden [LARISCH, 2009]. Je nach Krankheitsdauer
können die Erkrankungszeiten auch Zahlungen aus dem Sozialsystem
zur Folge haben.

Der Indikator stellt die Summe aller Krankheitstage aufgrund von Arbeitsunfällen über die letzten drei Jahre des betroffenen Betriebsteils
dar. Dabei werden nicht nur eigene Beschäftigte betrachtet, sondern
auch auf dem eigenen Betriebsgelände beschäftigte Arbeitnehmer von
Dritten oder Leiharbeitnehmer. Je kleiner die Anzahl von Krankheits-
tagen durch Arbeitsunfälle ist, desto geringer ist der nachteilige Einfluss
auf das Schutzgut „menschliche Gesundheit".

5.3.1.1.2 Tödliche Arbeitsunfälle

Der schwerwiegendste Arbeitsunfall ist der tödliche. Neben unendlichem persönlichen Leid bringt er einen enormen volkswirtschaftlichen Schaden mit sich. Durch Zahlungsbereitschaftsanalysen können ökonomische Werte für - auch immaterielle - Güter bestimmt werden. Der Wert für ein Menschenleben („value of a statistical life") betrug im Jahr 2006 1,6 Mio. Euro [STURM/VOGT, 2011]. Die Zuweisung eines finanziellen Werts für ein menschliches Leben ist umstritten, da es sich beim menschlichen Leben - gesellschaftlich akzeptiert - um das höchste Gut handelt und der Wert damit eigentlich als unendlich anzusehen ist. Eine solche Argumentation ist zwar nachvollziehbar, sie hilft an diesem Punkt aber nicht weiter.

Aus den genannten Gründen sind tödliche Arbeitsunfälle besonders relevant für das Schutzgut „menschliche Gesundheit" und werden neben dem Indikator „Krankheitstage durch Arbeitsunfälle" als weiterer Indikator berücksichtigt. Er misst die Anzahl tödlicher Arbeitsunfälle der letzten drei Jahre im betroffenen Betriebsteil (auch für Leiharbeitnehmer und Dritte). Je kleiner die Anzahl tödlicher Arbeitsunfälle ist, desto geringer ist der nachteilige Einfluss auf das Schutzgut „menschliche Gesundheit".

5.3.1.2 Nachhaltigkeitsindikatoren der Kategorie „Gesundheitsschutz bei der Arbeit"

Über den Begriff des Gesundheitsschutzes wurde bereits ausreichend diskutiert. Gesundheitsschutz im Betrieb lässt sich über vielfältige Kennzahlen ermitteln, da er - aufgrund der Definition des Gesundheitsbegriffs - eine Vielzahl von Aspekten beinhaltet.

Die Kategorie „Gesundheitsschutz bei der Arbeit" enthält sieben Nachhaltigkeitsindikatoren:

1. Berufskrankheiten
2. Produktion und Verwendung gefährlicher Stoffe

3. Aufwendungen für betriebliche Gesundheitsförderung
4. vorzeitige Sterblichkeit
5. tatsächliche Arbeitszeit

5.3.1.2.1 Berufskrankheiten

Neben dem Auftreten von Arbeitsunfällen können Erkrankungen auch direkt durch die berufliche Tätigkeit hervorgerufen werden. Diese Erkrankungen müssen formal als Berufskrankheiten anerkannt sein [MARBURGER/DAHM, 2008]. Sie beeinträchtigen die körperliche Unversehrtheit stark und sind oftmals mit der Aufgabe der beruflichen Tätigkeit verbunden. Einige dieser Erkrankungen verlaufen tödlich.

Berufskrankheiten treten in der Regel erst nach längerer Exposition auf. Die volkswirtschaftlichen Aufwendungen für die Versorgung und Entschädigung dieser Erkrankten sind immens [SUGA, 2010]. Im Gegensatz zu den Indikatoren im Bereich der Sicherheit bei der Arbeit gibt die Anzahl der Berufserkrankungen Auskunft über das langfristige Niveau des Gesundheitsschutzes im Unternehmen. Der Indikator „Berufskrankheiten" betrachtet die Anzahl der aufgetretenen Berufskrankheiten im betroffenen Betriebsteil. Je kleiner die Anzahl der Berufskrankheiten ist, desto geringer xist der nachteilige Einfluss auf das Schutzgut „menschliche Gesundheit".

5.3.1.2.2 Produktion und Verwendung gefährlicher Stoffe

Ziel der Gesetzgebung im Bereich der Gefahrstoffe ist es, den Menschen und die Umwelt vor stoffbedingten Schädigungen zu schützen. Die Definition des „gefährlichen Stoffes" findet sich in der Gefahrstoffverordnung. Durch das erhöhte Gefährdungspotential des „gefährlichen Stoffes" kann die menschliche Gesundheit durch den Umgang mit dem Stoff geschädigt werden. Insoweit ist die Substitution durch weniger oder nicht gefährliche Stoffe eines der vorrangigen Ziele (§7 Gefahrstoffverordnung (GefStoffV)).

Die Produktion und Verwendung gefährlicher Stoffe soll weitestgehend vermieden werden. Darüber hinaus sind für den Umgang mit Gefahrstoffen gesundheitlich begründete Grenzwerte formuliert worden [TRGS 900, 2011]. In diesem Indikator werden die Stoffmengen aller im Produktsystem produzierten oder verwendeten Stoffe summiert, die unter die Definition des §3 GefStoffV fallen. Je kleiner die Stoffmenge gefährlicher Stoffe ist, desto geringer ist der nachteilige Einfluss auf das Schutzgut „menschliche Gesundheit".

5.3.1.2.3 Aufwendungen für betriebliche Gesundheitsförderung

Der Arbeitsschutz befasst sich mit den Tätigkeiten, die während der Arbeitszeit im Unternehmen durchgeführt werden und erhöht dadurch das Niveau von Sicherheit und Gesundheitsschutz bei der Arbeit. Bei der betrieblichen Gesundheitsförderung geht es um Aktivitäten und Verhaltensweisen in der Freizeit. Das Konzept liegt den Gesundheitswissenschaften zugrunde [PFAFF/SLESINA, 2001]. Die Wirksamkeit von Maßnahmen der betrieblichen Gesundheitsförderung zur Verbesserung der menschlichen Gesundheit gilt als erwiesen [WILSON, 1996]. Grundsätzlich reicht ein Konzept aber nicht aus - eine Qualitätssicherung sollte erfolgen [PFAFF/SLESINA, 2001]. Deshalb wurde unter anderem die betriebliche Gesundheitsförderung zwischenzeitlich aus dem Leistungskatalog des Fünften Buches des Sozialgesetzbuches (SGB V) gestrichen. Das jeweilige Unternehmen kann die Gesundheit seiner Beschäftigten durch das Anbieten und Finanzieren von Maßnahmen der betrieblichen Gesundheitsförderung verbessern.

In diesem Indikator geht die Summe der Aufwendungen für Maßnahmen der betrieblichen Gesundheitsförderung ein. Je höher die Ausgaben, desto geringer ist der nachteilige Einfluss auf das Schutzgut „menschliche Gesundheit".

5.3.1.2.4 Vorzeitige Sterblichkeit

Über die vorzeitige Sterblichkeit lassen sich Rückschlüsse auf den Gesundheitszustand der Bevölkerung ziehen. Todesfälle vor Vollendung des 65. Lebensjahres gelten als vorzeitig und in vielen Fällen als vermeidbar [SH, 2004]. Aufgrund des aktuellen Renteneintrittsalters befinden sich diese Menschen noch im Erwerbsleben. Ein frühzeitiges Ableben ist also mit einem volkswirtschaftlichen Verlust verbunden [LOB, 2007]. Hierzu gehört der Verlust durch Ausbleiben der Arbeitsleistung, das Anfallen von Qualifizierungskosten für den Stellennachfolger, Zahlungen an die Hinterbliebenen wie Witwen- oder Waisenrenten, etc. Günstige Arbeits- und Lebensbedingungen, gesunde Verhaltensweisen, die Reduzierung von Risikofaktoren und auch Fortschritte in der medizinischen Versorgung tragen zur Vermeidung vorzeitiger Sterbefälle bei.

Dieser Indikator misst die Anzahl von Fällen vorzeitiger Sterblichkeit pro Tausend Beschäftigte in dem betroffenen Betriebsteil. Je höher die Anzahl der vorzeitigen Sterbefälle, desto größer ist der nachteilige Einfluss auf das Schutzgut „menschliche Gesundheit".

5.3.1.2.5 Tatsächliche Arbeitszeit

Es ist festzustellen, dass die tatsächlich geleisteten Arbeitsstunden stets nicht unerheblich von den tarifvertraglich vereinbarten abweichen [RUTENFRANZ/KNAUTH/NACHREINER, 1993]. Die Ergebnisse entsprechender Untersuchungen deuten darauf hin, dass bei zunehmender Dauer der Arbeitszeit mit einem Anstieg gesundheitlicher und sozialer Beeinträchtigungen zu rechnen ist [SPURGEON/HARRINGTON/ COOPER, 1997]. Neben den volkswirtschaftlichen Kosten durch die Beeinträchtigungen wird das Schutzgut „menschliche Gesundheit" durch überlange Arbeitszeiten geschädigt. Die tatsächliche Arbeitszeit wird deshalb ermittelt und als Nachhaltigkeitsindikator berücksichtigt.

Dieser Indikator misst die tatsächlich geleistete Arbeitszeit der Beschäftigten innerhalb des betroffenen Betriebsteils pro Woche. Je höher die tatsächliche geleistete Arbeitszeit, desto größer ist der nachteilige Einfluss auf das Schutzgut „menschliche Gesundheit".

5.3.2 Schutzgut „Struktur und Funktion der Ökosysteme"

Wie eingangs erwähnt, kann die menschliche Existenz nur gesichert werden, wenn das Ökosystem gewisse Strukturen und Funktionen erfüllt [WORBS, 2011]. Man denke nur an den anthropogenen Treibhauseffekt [HEMSTREIT, 2006] oder an die Verfügbarkeit von Trinkwasser [HARTMANN-SCHÜLER, 2011] und deren Auswirkungen auf das Überleben der Menschheit. Sind die Rahmenbedingungen durch die Ökosysteme so gegeben, dass eine menschliche Existenz nur in einem eingeschränkten Maße möglich ist, werden sowohl ihre wirtschaftliche als auch ihre soziale Leistungsfähigkeit stark eingeschränkt [O'RIORDAN, 1996].

Biotische und abiotische Bestandteile der Umwelt bilden ein verflochtenes Ganzes [SMITH/SMITH, 2009]. Greift der Mensch ein, verändern sich die Verhältnisse in den Ökosystemen [WILLIMANN/ EGLI-BROZ, 2010]. Sind die Eingriffe eher klein, können sie durch die Ökosysteme kompensiert werden. Diese „Pufferkapazität" ist aber begrenzt, sodass stärkere Eingriffe nicht selbstständig kompensiert werden können [WORBS, 2011]. Die irreversible Schädigung und Zerstörung von Ökosystemen ist es, die die Existenz der Menschheit gefährdet [HÜBNER, 2001]. Insoweit besteht ein hohes Interesse, das Schutzgut „Struktur und Funktion der Ökosysteme" in „SusDec" zu berücksichtigen und Indikatoren auszuwählen, die sowohl Schädigungen des Ökosystems erfassen als auch Indikatoren, die Informationen über die Güte des Ökosystems enthalten.

Über den gesamten Lebensweg eines Produktes entstehen Emissionen und Abfallströme, die entsprechende Eingriffe in Struktur und Funktion der Ökosysteme darstellen. Es bietet sich also an, diese beiden Katego-

rien in das Schutzgut „Struktur und Funktion der Ökosysteme" einzufüh-
ren (siehe Abbildung 5.3).

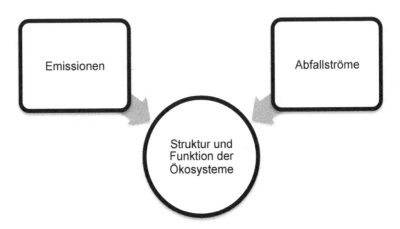

Abbildung 5.3: Schutzgut „Struktur und Funktion der Ökosysteme"

Das Schutzziel „Struktur und Funktion der Ökosysteme" enthält ökologische, ökonomische und soziale Aspekte.

5.3.2.1   Nachhaltigkeitsindikatoren der Kategorie „Emissionen"

Die Kategorie „Emissionen" enthält vier Nachhaltigkeitsindikatoren:

1. Emission von Säurebildnern, Kondensationskernen für Feinstaub und Ozonvorläufersubstanzen
2. Emission von Treibhausgasen
3. Emission von Ozonbildnern
4. Emission besonders besorgniserregender Stoffe (SVHC: Substances with Very High Concern)

5.3.2.1.1   Emission von Säurebildnern, Kondensationskernen für Fein-
staub und Ozonvorläufersubstanzen

Eine der gravierendsten Umweltbelastungen stellt die Versauerung dar.
Die Ursachen hierfür stellen Verbrennungsprozesse der Industrie dar. In

Europa wurde die Auswirkung als „saurer Regen" bekannt. Verbrennungsnebenprodukte wie Stickstoff- und Schwefeloxide reagieren in chemischen Prozessen in der Atmosphäre zu Substanzen, die den pH-Wert des Regenwassers herabsetzen. Dies hat diverse negative Auswirkungen auf Mensch, Sachgüter, Tiere, Pflanzen, Boden und Gewässer [EYERER/REINHARDT, 2000]. Unter Versauerung versteht man die Erhöhung der Anzahl von Wasserstoff-Ionen in der Luft, im Wasser und im Boden. Diese Erhöhung führt zu einer vermehrten Säurebildung, die unter anderem Bauwerke angreift. Beispiele aus der Vergangenheit sind große Fischsterben in skandinavischen Seen, größere Waldsterben und zerbröckelnde Gebäudefassaden [GUINEE, 2002].

Neben der Versauerung ist die Bildung von troposphärischem Ozon ein weiteres gravierendes Umweltproblem. Auch hier sind Verbrennungsprozesse der Industrie ursächlich. Emittierte Stickoxide promovieren die Entstehung von Ozon [ROEDEL, 2000]. Während die natürliche Ozonschicht in der Stratosphäre die menschliche Existenz ermöglicht, schädigt die anthropogene Emission von Ozonbildnern die Funktionen des Ökosystems. Hierzu gehören beim Menschen und bei Säugetieren die respirative Aufnahme und damit die schädigende Wirkung des Ozons auf das Lungengewebe [EUROSTAT, 2007]. Ozon hat aber auch große Auswirkungen auf Pflanzen. Blätter und Nadeln besitzen kleine Öffnungen, so genannte Stomata, die die Gasaufnahme ermöglichen. So kann auch das Ozon über die Stomata eindringen. Ereignisse wie die Sommersmogphasen Ende der 1940er-Jahre zeigen die Empfindlichkeit von Pflanzen gegenüber Ozon-Expositionen [SANDERMANN, 2001]. Darüber hinaus trägt bodennahes Ozon zum Klimawandel bei [EUROSTAT, 2007].

Das dritte Umweltproblem dieses Indikators betrifft die Emission partikelbildender Substanzen. Verbrennungsprozesse verlaufen nie vollständig, so dass unverbrannte Substanzen als Kondensationskerne für Partikel dienen. Ein Teil dieser Partikel wird als Feinstaub bezeichnet [MÜ-

CKE, et.al., 2009]. Feinstaub besteht aus Partikeln mit einem aerody-
namischen Durchmesser von unter 10 µm (PM 10). Diese Partikel werden an den verschiedenen Abscheidungssystemen des menschlichen
Organismus nicht abgetrennt und können so tief ins Lungengewebe
vordringen. Dort lösen sie Entzündungen des Lungengewebes und bei
Herz-Lungen-Erkrankten eine Verschlechterung derer Zustände aus
[HEINRICH, 2000].

Die Emissionen von Säurebildern, Kondensationskernen für Feinstaub
und Ozonvorläufersubstanzen führen sowohl aufgrund der Eigenschaften der jeweiligen Substanz als auch über Reaktionsfolgeprodukte zu
einer Vielzahl übergreifender lokaler und grenzüberschreitender Probleme [EUROSTAT, 2007].

Der Indikator „Emission von Säurebildnern, Feinstaub sowie Kondensationskernen für Feinstaub und Ozonvorläufersubstanzen" berücksichtigt
den Ausstoß von Luftschadstoffen, die in Folgereaktionen entweder die
umgebenden Medien versauern lassen, als primäre Partikel oder als
Kondensationskern für sekundäre Partikel auftreten sowie Ozonvorläufersubstanzen. Der Indikator misst Äquivalente für die verschiedenen
Stoffgruppen (Säurebildner: Schwefelsäure-Äquivalente, Partikelbildner:
Partikelbildner-Äquivalente, Ozonvorläufer-Substanzen: Flüchtige orga-
nische Verbindungen (NMVOC)-Äquivalente) pro funktioneller Einheit.

Aufgrund der nachteiligen Auswirkungen der Emission der oben genannten Substanzen auf das Ökosystem, den Menschen und die wirtschaftliche Entwicklung, wird dieser Indikator berücksichtigt. Je höher die Emission, desto größer ist der nachteilige Einfluss auf das Schutzgut „Struktur und Funktion der Ökosysteme".

5.3.2.1.2   Emission von Treibhausgasen

Die Struktur und die Funktionen der Ökosysteme sind stark abhängig
vom Strahlungshaushalt des Planeten Erde. Das heutige Leben auf der
Erde wurde durch den natürlichen Treibhauseffekt der Erde durch Was-

serdampf, Kohlenstoffdioxid, Ozon, etc. ermöglicht [REEKER, 2004]. Stark vereinfacht trifft kurzwellige Solarstrahlung auf die Erdoberfläche. Dort wird sie absorbiert und in Infrarotstrahlung umgewandelt, die wiederum emittiert wird. Diese Emission wird aber nicht zurück in den Weltraum gestrahlt, sondern trifft in der Atmosphäre auf Gase, die diese wiederum absorbieren und die Energie auf die Erde zurückstrahlen. Ohne diesen Effekt würde die Oberflächentemperatur der Erde um ca. 33 °C geringer liegen [AKCA/ZELEWSKI, 2008]. Neben diesem natürlichen Treibhauseffekt kommt ein anthropogener Anteil hinzu. Der anthropogene Treibhauseffekt ist künstlich durch den Menschen herbeigeführt, verändert nachhaltig den Strahlungshaushalt der Erde und führt dadurch zu einer Erhöhung der globalen Durchschnittstemperatur. Besonders stark wurde der anthropogene Anteil am Treibhauseffekt durch die Industrialisierung und die damit verbundene Emission von CO_2 durch die Verbrennung fossiler Brennstoffe erhöht [REEKER, 2004]. Darüber hinaus gelten Methan, Distickstoffoxid, Fluorchlorkohlenwasserstoffe, Schwefelhexafluorid und Stickstofftrifluorid als anthropogene Treibhausgase [FREUDENTHALER, 2007]. Durch die Eingriffe in den Strahlungshaushalt der Erde verändern sich die Lebensbedingungen für Menschen und andere Lebewesen. So prognostizieren Experten bei einer Temperatursteigerung von vier Grad ein Steigen der Meeresspiegel um ca. 30 Zentimeter (cm) [SANDHÖVEL, 2003]. Problematisch wäre ein solcher Anstieg, da flache Küstenregionen ein beliebtes Siedlungsgebiet darstellen. Ganze Staaten befinden sich nur wenige Meter über dem Meeresspiegel. Einige dieser Küstenregionen sind für die Nahrungsmittelproduktion von großer Bedeutung oder stellen einzigartige Ökosysteme dar, die aufgrund menschlicher Aktivitäten keine Möglichkeit zum binnenwärtigen Rückzug haben [BUTZENGEIGER/HORSTMANN, 2004]. Durch die Reduktion der verfügbaren Fläche kommt es zur Übernutzung der Umweltressourcen [BILYK, 2012].

Bei der Emission ozonabbauender Substanzen in die Stratosphäre kommt es zu einem weiteren Abbau der schützenden Ozonschicht und

somit zu einem erhöhten Anteil von UV-B-Strahlung auf der Erdoberfläche. UV-B-Strahlung hat eine schädigende Wirkung auf Organismen
[CANSIER, 1996]. All dies hat auf die Struktur und Funktion der Ökosysteme erhebliche Auswirkungen.

Der Indikator misst das Global Warming Potential (GWP) in CO_2-
Äquivalenten pro funktioneller Einheit. Je höher die Emission, desto
größer ist der nachteilige Einfluss auf das Schutzgut „Struktur und Funktion der Ökosysteme".

5.3.2.1.3   Emission von ozonabbauenden Substanzen

Die stratosphärische Ozonschicht befindet sich in einer Höhe von 15 bis
40 km über der Erde. Sie wirkt wie ein unsichtbarer Schutzschild gegenüber der zellschädigenden Ultraviolettstrahlung der Sonne, indem sie
den größten Teil der harten UV-B-Strahlung herausfiltert [EU-
KOMMISSION, 2007]. Durch anthropogen verursachte Verbindungen
wie Fluorchlorkohlenwasserstoffe (FCKW) und Halon wird sie geschädigt, so dass verstärkt UV-B-Strahlung an die Erdoberfläche gelangt.
Dort kann sie beim Menschen Hautkrebs hervorrufen und das Ökosystem schädigen [EU-KOMMISSION, 2007]. Die stratosphärische Ozonschicht stellt damit eine Existenzgrundlage für die Funktion des Ökosystems und der menschlichen Gesundheit dar. Die Emission von Stoffen,
die diese Schicht zerstören, wird deshalb berücksichtigt. Einige „ozon-
abbauende Substanzen (ozone depleting substances (ODS))" besitzen
über ihre schädigende Wirkung auf die stratosphärische Ozonschicht
hinaus ebenfalls ein GWP.

Der Indikator misst die Stoffmenge an Chlor pro funktioneller Einheit, die
während des Lebenszyklus emittiert wird. Je höher die Emission, desto
größer ist der nachteilige Einfluss auf das Schutzgut „Struktur und Funktion der Ökosysteme".

5.3.2.1.4   Emission von SVHC

Die REACh-Verordnung identifiziert SVHC. Diese weisen besonders gefährliche Eigenschaften auf und können schwerwiegende Auswirkungen auf die Gesundheit des Menschen oder auf die Umwelt haben. Die EChA in Helsinki pflegt eine Liste mit den SVHCs. Artikel 57 der REACh-Verordnung formuliert die Eigenschaften, die eine Chemikalie zu einem besonders besorgniserregenden Stoff werden lassen kann. Hierzu muss der Stoff eine oder mehrere der folgenden Eigenschaften erfüllen:

* Karzinogenität, Mutagenität, Reprotoxizität
* Persistenz, Bioakkumulativität, Toxizität
* Hohe Persistenz, hohe Bioakkumulativität
* wissenschaftlicher Beweis für wahrscheinliche ernsthafte Effekte auf die menschliche Gesundheit oder die Umwelt liegt vor

Die oben genannten Eigenschaften führen kurz-, mittel- und langfristig zu erheblichen negativen Auswirkungen auf Mensch und Umwelt [KÖLSCH, 2010] - und damit auf die Struktur und Funktion der Ökosysteme. Sind SVHCs als solche identifiziert worden, schließt sich im Rahmen der REACh-Verordnung das Zulassungsverfahren an, das in der Regel langfristig mit der Substitutionspflicht verbunden ist. Die Emission von SVHCs ist damit unter allen Umständen für das Schutzgut „Struktur und Funktion der Ökosysteme" zu vermeiden und wird daher unter „SusDec" erfasst.

Dieser Indikator misst die Masse von SVHC pro funktioneller Einheit, die während des Lebenszyklus der Chemikalie emittiert werden. Je höher die Emission, desto größer ist der nachteilige Einfluss auf das Schutzgut „Struktur und Funktion der Ökosysteme".

5.3.2.2   Nachhaltigkeitsindikatoren der Kategorie „Abfälle"

Als Abfälle werden Stoffe oder Gegenstände bezeichnet, derer sich ihr Besitzer entledigt, entledigen will oder entledigen muss (§ 2 Abs. 1 Satz

1 Kreislaufwirtschaftsgesetz). Abfallströme fallen also bei der Entsorgung an. Im vorgeschalteten Prozess des Recyclings werden potentielle Abfallströme durch Wiedernutzung oder Weiternutzung vermieden. Abfälle sollen nach § 6 Abs. 1 Kreislaufwirtschaftsgesetz (KrWG) primär vermieden, sekundär verwertet oder tertiär beseitigt werden. Je nach Eigenschaft des Abfalls treten teils erhebliche Wechselwirkungen des Abfalls allein oder in Kombination mit anderen Abfällen mit der Umwelt auf [PIEHL/SÜSELBECK, 2011].

Für den Planeten Erde wurden mit der Zeit diverse Stoffkreisläufe identifiziert. Die großen Stoffkreisläufe sind der Kohlenstoff-, der Stickstoff-, der Phosphor- und der Schwefelkreislauf [SMITH/SMITH, 2009]. Vor der Industrialisierung wurden Abfälle im natürlichen Kreislauf des Auf- und Abbaus von Stoffen verwertet [MOSER/RUSTERHOLZ, 2004]. Durch Wanderbewegungen und Vegetationszyklen wurden dem Ökosystem Regenerationszeiten eingeräumt. Abfälle waren bei Jägern und Sammlern kein Problem. Vielmehr unterstützten die Abfälle die kulturelle Einpassung in das sich durch anthropogene Aktivitäten wandelnde Ökosystem [MOSER/RUSTERHOLZ, 2004]. Auch bei den sesshafteren Völkern existierte anfangs kein Abfallproblem. Die anfallenden Abfälle wurden als Dünger genutzt und gaben teilweise entnommene Ressourcen an die Ökosysteme zurück [MOSER/ RUSTERHOLZ, 2004]. Erst durch die Industrialisierung und die Urbanisierung ergibt sich eine veränderte Situation mit anderen Auswirkungen auf das Ökosystem [WORBS, 2011]. Durch die Ausbeutung von Ressourcen und gleichzeitiger Deposition anfallender Abfallströme verschieben sich die Gleichgewichte der Stoffkreisläufe und führen damit zur Störung der Struktur und Funktion der Ökosysteme [WORBS, 2011].

Die Verwertung und Entsorgung von Abfällen ist in der Regel immer mit Belastungen für die Umwelt verbunden. Rohstoffe, Energie und Wasser werden nicht nur für die Herstellung von Gütern, sondern auch für die Abfallentsorgung verbraucht. So befinden sich beispielsweise im Berliner

Stadtgebiet und auch im Umland zahlreiche Abfallberge, die schon allein durch ihr Dasein ins Auge fallen. Dieser Verbrauch ist oft mit erheblichen Veränderungen der Natur und Landschaft verbunden. Die politische Strategie hiergegen ist die Abfallvermeidung. Ressourcen sollen durch Wiedernutzung und Recycling effizienter genutzt werden [EU-KOMMISSION, 2005]. Um den Ansatz eines effizienten Einsatzes von Ressourcen und der Vermeidung von Schäden am Ökosystem umsetzen zu können, ist das Entstehen von Abfällen soweit wie möglich zu vermeiden. Aus diesem Grund wird die Entstehung von Abfällen als relevantes Kriterium berücksichtigt. Dabei ist zu beachten, dass Abfällen unterschiedliche Gefährdungspotentiale inhärent sind. Aus diesem Grund werden in „SusDec" drei verschiedene Abfallindikatoren berücksichtigt. Die Kategorien werden dem Abfallrecht entnommen.

Die Kategorie „Abfälle" enthält drei Nachhaltigkeitsindikatoren:

1. Entstehen festen, nicht radioaktiven Abfalls
2. Entstehen gefährlichen Abfalls
3. Entstehen radioaktiven Abfalls

5.3.2.2.1 Entstehen festen, nicht radioaktiven Abfalls

Der „einfachste" Abfall ist der feste nicht strahlende Abfall. Der Indikator „Entstehen festen, nicht radioaktiven Abfalls" misst die Masse aller erzeugten festen, nicht radioaktiven Abfälle pro funktioneller Einheit.

Je größer die Masse der erzeugten festen, nicht strahlenden Abfälle, desto größer ist der nachteilige Einfluss auf das Schutzgut „Struktur und Funktion der Ökosysteme".

5.3.2.2.2 Entstehen gefährlichen Abfalls

Als gefährlicher Abfall gelten Abfälle, die bis zum 14. Juli 2006 im Kreislaufwirtschafts- und Abfallgesetz (KrW-AbfG) als besonders überwachungsbedürftige Abfälle bezeichnet wurden. Es handelt sich um Abfälle, die Gefährlichkeitsmerkmale aufweisen und somit eine potentielle Gefahr für die Gesundheit und/oder die Umwelt darstellen. Für diese Abfälle gelten Nachweispflichten (siehe RL 91/689/EWG). Es liegt also ein erhöhtes Schädigungspotential für Mensch und Umwelt - und damit eine erhebliche Gefährdung für die Struktur und Funktion der Ökosysteme - vor.

Der Indikator „Entstehen gefährlichen Abfalls" misst die Masse aller erzeugten gefährlichen Abfälle pro funktioneller Einheit. Je größer die Masse der erzeugten gefährlichen Abfälle, desto größer ist der nachteilige Einfluss auf das Schutzgut „Struktur und Funktion der Ökosysteme".

5.3.2.2.3   Entstehen radioaktiven Abfalls

Radioaktive Abfälle sind radioaktive bzw. radioaktiv belastete Stoffe, die nach dem Stand der Technik nicht weiter genutzt werden können oder dürfen. Der Haupterzeuger ist die stromerzeugende Industrie [HUMANN, 1977]. Aufgrund der offenen Frage nach einer sachgerechten Entsorgung ist der Anfall solcher Abfälle in besonderem Maße zu vermeiden bzw. auf ein Minimalmaß zu reduzieren. Zur Problematik bei der Behandlung radioaktiver Abfälle zählen auch derzeit noch offene Fragen zur Sicherheit bei der Lagerung und bei Transporten, zu langen Abklingzeiten der verwendeten Stoffe, zu nicht abgeschlossenen Standortsuchen und anderen in der öffentlichen Diskussion weniger prominenten Problemfeldern. Radioaktive Abfälle können in abgeleiteter Form im Ökosystem angereichert werden und führen dort zu entsprechenden Veränderungen. So werden - je nach Isotop - in Wildfleisch, Pilzen, Paranüssen oder der menschlichen Schilddrüse Akkumulationen radioaktiver Substanzen bis zum Faktor 100 nachgewiesen [GRUPEN/WERTHENBACH/STROH, 2008]. Akkumulierte radioaktive Substanzen führen durch radiochemische Reaktionen zu deterministischen und stochastischen Strahlenschäden [KRIEG/JANIAK, 2004]. Die Struktur und Funktion der Ökosysteme werden dadurch gestört.

Der Indikator „Erzeugung von radioaktivem Abfall" misst die Masse aller erzeugter radioaktiven Abfälle pro funktioneller Einheit. Je größer die Masse aller erzeugter radioaktiven Abfälle, desto größer ist der nachteilige Einfluss auf das Schutzgut „Struktur und Funktion der Ökosysteme".

5.3.3 Schutzgut „Natürliche Ressourcen"

Wie bereits mehrfach in der vorliegenden Arbeit erwähnt wurde, ist nachhaltige Entwicklung eine Entwicklung, die die Bedürfnisse der Gegenwart befriedigt, ohne zu riskieren, dass künftige Generationen ihre eigenen Bedürfnisse nicht befriedigen können [UNITED NATIONS, 1987]. Dieser Aspekt erhält besondere Relevanz in Hinblick auf natürliche Ressourcen. Natürliche Ressourcen sind Bestandteile oder Funktionen der Natur, die einen ökonomischen Nutzen haben. Zu den natürlichen Ressourcen zählt man Rohstoffe, nutzbare Fläche, die Funktion und Qualität von Komponenten der Umwelt wie Boden, Luft und Wasser oder genetische Vielfalt [BRINGEZU/SCHÜTZ, 2008].

Es gibt zwei Klassen von Ressourcen - zum einen erneuerbare und zum anderen erschöpfbare Ressourcen. Die Nutzung erneuerbarer Ressourcen darf nur in dem Maße erfolgen, in dem sie sich in gleichem Maße regenerieren. Die Nutzung erschöpfbarer Ressourcen darf nur in dem Maße erfolgen, dass zukünftige Generationen dieselben Handlungsmöglichkeiten haben wie die jetzt lebende [DURTH/KÖRNER/MICHA-ELOWA, 2002].

Hierbei tritt das Problem auf, dass Effizienzsteigerungen über fallende Produktpreise und einer durch die geringeren Preise verstärkten Produktnachfrage kurzfristig zu größerem Wachstum und damit zu einer weitergehenden Verknappung von Ressourcen führen können (Rebound-Effekt). Ein prominentes Beispiel war die Einführung von Wolframwendel-Glühlampen statt Kohlenfadenlampe um 1910. Wolframwendel-Glühlampen benötigen für denselben Lichtstrom nur ein Viertel der elektrischen Leistung. Damals fürchteten viele Elektrizitätswerke einen Einbruch des Umsatzes. Die Befürchtung erfüllte sich nicht: der Stromverbrauch stieg an, da sich durch die Einsparungen des effizienteren Beleuchtungsmittels die Verbreitung von Leuchtmitteln stieg [HERRING, 2000].

Aus diesem Grund sollten die Wachstumsraten global verringert werden [MEADOWS/RANDERS, 1992]. Ein anderer Weg zur Vermeidung des Rebound-Effektes ist, dass die Effizienzsteigerung größer sein muss als die Wachstumsrate [HENNICKE/SCHULER/WEIZSÄCKER, 1997]. Für das Schutzgut „Natürliche Ressourcen" werden Indikatoren gesucht, die einerseits den Ressourcenverbrauch und andererseits die Effizienz des Verbrauchs kritisch messen.

Um der oben genannten Problematik Rechnung zu tragen, muss sowohl der absolute Verbrauch von Ressourcen, als auch die Ressourcenproduktivität kritisch betrachtet und durch Indikatoren quantifiziert werden (siehe Abbildung 5.4).

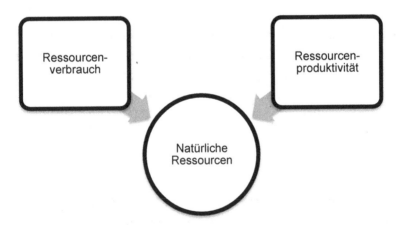

Abbildung 5.4: Schutzgut "Natürliche Ressourcen"

Das Schutzziel „Natürliche Ressourcen" enthält ökologische, ökonomische und soziale Aspekte.

5.3.3.1 Nachhaltigkeitsindikatoren der Kategorie „Ressourcenverbrauch"

Der Verbrauch von Ressourcen ist eine Frage der Gerechtigkeit - sowohl innerhalb einer Generation als auch generationsübergreifend [NAIR, 2011]. Dies gilt für erneuerbare und nicht erneuerbare Ressourcen gleichermaßen. Durch die Limitierung der natürlichen Ressourcen als auch durch die begrenzte Pufferkapazität der Ökosysteme muss der absolute Verbrauch möglichst minimiert werden. Dies gilt unabhängig vom Rebound-Effekt [POLIMENI/MAYUMI/GIAMPIETRO, 2008].

Die Kategorie „Ressourcenverbrauch" enthält drei Nachhaltigkeitsindikatoren:

1. Primärenergieverbrauch
2. Anteil erneuerbarer Energieträger
3. Flächenverbrauch

5.3.3.1.1 Primärenergieverbrauch

Für wirtschaftliche Tätigkeiten in entwickelten Gesellschaften werden erhebliche Mengen an Energie benötigt. Bereits heute verbrauchen die Entwicklungsländer in der Summe mehr Energie als die Industrieländer [SACHS, 2006]. Eine anerkannte Methode zur Darstellung des Energieverbrauchs ist der Primärenergieverbrauch [EYERER/REINHARDT, 2012]. Der Primärenergieverbrauch ist ein deutlicher Indikator für den Verbrauch von Ressourcen und das Verursachen von Treibhausgasemissionen. Er bezeichnet den Energiegehalt aller eingesetzten Primärenergieträger. Hinzu kommt neben dem Endenergieverbrauch auch der Eigenverbrauch und die Verluste im Energieumwandlungssektor. Weiterhin ist der nichtenergetische Verbrauch enthalten [GUTSCHE, 2011]. Der nichtenergetische Verbrauch bezeichnet den Verbrauch von Kohlenwasserstoffes aus Öl, Gas und Kohle durch stoffliche Umwandlung in Wertstoffe wie Farben, Arzneimittel oder Kunststoffe [TETZLAFF, 2005].

Der Energiemix in Deutschland besteht zu 10,9 % aus regenerativen Energieträgern - demnach also zu 89,1 % aus nicht regenerativen Energieträgern [EYERER/REINHARDT, 2012]. Energieerzeugung geht also auch mit dem Problem der Ressourcenverknappung einher und berührt damit die Fragestellung der Verteilungsgerechtigkeit. Zwischen den Generationen ist dieser Aspekt aufgrund des Nicht-Nachwachsens nicht erneuerbarer Ressourcen und damit der Verringerung der verbleibenden natürlichen Ressourcen zu berücksichtigen. Innerhalb der Generationen führen Kaufkraftunterschied zu einer unterschiedlichen Partizipationsmöglichkeit, die ebenfalls zu berücksichtigen ist.

Der Primärenergieverbrauch ist deshalb so gering wie möglich zu halten. Denn neben der Frage der Generationengerechtigkeit ergibt sich ein weiteres Problem: Die Energieerzeugung aus nicht regenerativen Energieträgern setzt große Mengen von CO_2 frei [BOOS/PRIERMEIER, 2008] oder führt wie die Nutzung der Kernenergie zu anderen gravierenden Umweltproblemen.

Der Primärenergieverbrauch wird in Joule pro funktioneller Einheit angegeben. Je höher der Primärenergieverbrauch, desto größer ist der nachteilige Einfluss auf das Schutzgut „Natürliche Ressourcen".

5.3.3.1.2   Anteil erneuerbarer Energieträger

Erneuerbare Energieträger sind definiert als Energieträger, die im menschlichen Zeithorizont praktisch unbegrenzt zur Verfügung stehen [QUASCHNING, 2011] oder sich verhältnismäßig schnell regenerieren. Nicht ganz konfliktfrei ist dabei die Konkurrenz von Energiepflanzen und Nahrungsmitteln [RINKE/SCHWÄGERL, 2012]. Bei der Nutzung erneuerbarer Energieträger entfallen der Verbrauch nicht regenerativer Energieträger und damit die Ressourcenverknappung. Aus Gründen der Verteilungsgerechtigkeit sollte der Anteil erneuerbarer Energien am Primärenergieverbrauch möglichst hoch sein. Somit wäre die Möglichkeit gewahrt, dass auch künftige Generationen nicht regenerative Energieträger nutzen können.

Der Anteil erneuerbarer Energieträger wird in Prozent am Primärenergieverbrauch angegeben. Je geringer der Anteil erneuerbarer Energieträger, desto größer ist der nachteilige Einfluss auf das Schutzgut „Natürliche Ressourcen".

5.3.3.1.3 Flächenverbrauch

Die Erde bietet der Menschheit eine begrenzte Fläche - diese ist durch verschiedene Faktoren auf eine noch kleinere Siedlungsfläche begrenzt. Es existiert ein Spannungsfeld zwischen gesellschaftlicher und ökosystemarer Funktion der Ressource Fläche. Dieser Konflikt muss innergesellschaftlich gelöst werden. Denkbare Konkurrenzen sind unter anderem die Bebauung mit Wohnungen, die Bebauung mit Produktionsstätten, die Nutzung als Anbaufläche für Lebensmittel oder die Nutzung als Fläche bzw. Anbaufläche für erneuerbare Energieträger. Fläche ist also eine begrenzt zur Verfügung stehende Ressource und wird im Schutzgut „Natürliche Ressourcen" berücksichtigt. Der Nachhaltigkeitsindikator „Flächenverbrauch" ist als Verhältnis zwischen bebautem Gelände und der Gesamtfläche definiert.

Der Hauptgesichtspunkt der erneuerten Nachhaltigkeitsstrategie der EU für die Erhaltung und den Umgang mit natürlichen Ressourcen ist der verbesserte Umgang und die Vermeidung übermäßiger Ausbeutung natürlicher Ressourcen. Hauptaugenmerk liegt auf der Wertschätzung der durch das Ökosystem vorgehaltenen Möglichkeiten der Nutzung [EUROSTAT, 2007]. Flächenverbrauch bedeutet die Umwandlung von unbebauten landwirtschaftlich genutzten Flächen wie Acker- oder Grünland in bebaute Flächen. Eine derartige sogenannte Entwicklung ist in den meisten Fällen irreversibel und beinhaltet die Versiegelung von Flächen und die Zerstückelung von Lebensräumen [VON LAER/SCHEER, 2002]. Die Versiegelung von Flächen verhindert das Wiederauffüllen des Aquifers und erhöht den Druck auf die Kanalisationssysteme [KIE-FER, 1996]. Darüber hinaus wird in einigen Fällen das Hochwasserrisiko genauso wie die Gefährdung der Biodiversität erhöht [KOEHLER /MATHES/BRECKLING, 1999].

Der Flächenverbrauch wird für die Kommune ermittelt, in der der Betriebsteil liegt, in dem die Chemikalie hergestellt wird. Je höher der Flächenverbrauch, desto größer ist der nachteilige Einfluss auf das Schutzgut „Natürliche Ressourcen".

5.3.3.2   Nachhaltigkeitsindikatoren der Kategorie „Ressourcenproduktivität"

Der Gedanke der möglichst hohen Produktivität gilt insbesondere bei der Verwendung nicht erneuerbarer Ressourcen. Aufgrund der Ausführungen zum Rebound-Effekt ist eine möglichst hohe Produktivität als alleiniger Maßstab aber nicht ausreichend. Insoweit werden im Rahmen von „SusDec" Indikatoren sowohl zur Quantifizierung des absoluten Verbrauchs als auch zur Produktivität berücksichtigt. Produktivität ist eine Kenngröße zur Quantifizierung der Leistungsfähigkeit [REFA, 1971]. Die Kenngröße stellt immer eine Outputgröße in Relation zu einer Inputgröße dar. Die Sichtweise der Produktivität hat auch immer eine hohe gesellschaftliche Komponente. Dieser liegt die Frage zugrunde, bei welchem Verhältnis aus Input und Output das jeweilige Vorhaben gesellschaftlich akzeptabel ist. Derartige Fragestellungen sind mit der notwendigen Sensibilität zu bewerten und kritisch zu hinterfragen, um Missbrauch zu vermeiden.

Die Kategorie „Ressourcenproduktivität" enthält zwei Nachhaltigkeitsindikatoren:

1.   Energieproduktivität
2.   Rohstoffproduktivität

5.3.3.2.1 Energieproduktivität

Der erste Aspekt, der unter „SusDec" betrachtet werden soll, ist die Energieproduktivität. Wie bereits ausgeführt, muss aus Gründen der Verteilungsgerechtigkeit der Ressourceneinsatz möglichst effizient gestaltet werden. Die Zusammensetzung des Energiemixes zeigt, dass sich die Energie erzeugende Industrie immer noch vorwiegend nicht erneuerbarer Ressourcen bedient. Damit spielt die Effizienz eine noch größere Rolle. Steigerungen können durch einen höheren Wirkungsgrad bei der Energieumwandlung, bei nachfrageseitigen Effizienzsteigerungen und strukturellen Veränderungen der Volkswirtschaft erreicht werden [BURGER, 2011].

In der EU wird der Indikator Energieproduktivität gemessen. Damit ist er allgemein anerkannt. Aus diesem Grund wird er auch unter „SusDec" erhoben. Energieproduktivität ist definiert als Bruttoinlandsprodukt pro Energieeinsatz [MONSTADT, 2003] und zeigt damit an, wann sich Wirtschaftsleistung und Energieverbrauch voneinander entkoppeln. Der Indikator wird auf den Umsatz des Unternehmens bezogen, das die Chemikalie herstellt. Damit ist der Chemikalienbezug hergestellt.

Der Indikator „Energieproduktivität" wird in EUR pro Joule je funktioneller Einheit angegeben. Je geringer die Energieproduktivität, desto größer ist der nachteilige Einfluss auf das Schutzgut „Natürliche Ressourcen".

5.3.3.2.2 Rohstoffproduktivität

Neben der Energie ist der Rohstoffeinsatz die entscheidende Inputgröße. Auch der Rohstoffeinsatz muss möglichst effizient sein. Ein anerkannter Weg zur Quantifizierung ist die Messung der Rohstoffproduktivität. Sie gibt an, wie effizient eine Volkswirtschaft mit nicht erneuerbaren Ressourcen umgeht. Dafür berechnet sie das Verhältnis aus Bruttoinlandsprodukt zum Verbrauch nicht erneuerbarer Ressourcen [HERMANN, 2009] pro funktioneller Einheit. Der Indikator wird auf den Umsatz des Unternehmens bezogen, das die Chemikalie herstellt. Damit ist

der Chemikalienbezug hergestellt. Aus Gründen der Verteilungsgerechtigkeit sollte die Rohstoffproduktivität möglichst hoch sein. Damit könnten eine möglichst große Zahl folgender Generationen ihre Bedürfnisse
mit nicht erneuerbaren Ressourcen befriedigen.

Die Rohstoffproduktivität zählt als vorrangiges Ziel der Umweltpolitik der
EU. Sie ist Schlüsselindikator im Umweltbarometer [HERMANN, 2009].
Je niedriger die Rohstoffproduktivität, desto größer ist der nachteilige
Einfluss auf das Schutzgut „Natürliche Ressourcen".

5.3.4   Schutzgut „Wirtschaftlicher Wohlstand"

Im Allgemeinen bezeichnet der Begriff Wohlstand im ökonomischen Sinn
den Grad der Versorgung von Personen, privaten Haushalten oder der
gesamten Gesellschaft mit Gütern und Dienstleistungen. Dieser materi-
elle Wohlstand oder Lebensstandard wird für eine Volkswirtschaft meist
anhand einer Sozialproduktgröße (z.B. Bruttoinlandsprodukt oder Pro-
Kopf-Einkommen) gemessen. Im weiteren Sinne wird darüber hinaus
auch das persönliche Wohlbefinden im Sinne von Lebensqualität verstanden [DUDEN, 2013].

Demnach existiert offensichtlich nach der Definition neben dem materiellen Wohlstand auch eine Teilmenge, die immateriellen Wohlstand umfasst, auch wenn diese weniger leicht zu bemessen ist. Diese Teilmenge
setzt sich aus physikalischen, psychischen, sozialen, kulturellen, ethi-
schen und ästhetischen Bedürfnisbefriedigungen zusammen [HULPKE/
KOCH/NIESSNER, 2000].

Eine Konzentration des Begriffs auf rein materiellen Wohlstand würde
demnach zu einem verkürzten Ergebnis führen. Neben Tätigkeiten, die
zu einer Steigerung von Sozialproduktgrößen führen, werden weitere
Tätigkeiten ausgeführt, die zu einer Steigerung des gesellschaftlichen
Wohlstands führen, ohne bei der Ermittlung der Sozialproduktgröße
berücksichtigt zu werden. Denkbar sind hier beispielsweise Tätigkeiten
von Hausfrauen oder Hausmännern, ehrenamtliches Engagement in

jeglicher Form, Tauschhandel oder Tätigkeiten in kirchlichen oder karitativen Einrichtungen.

Insoweit muss ein Ausgleich zwischen materiellem und immateriellem Wohlstand geschaffen werden. Im einfachsten Fall muss die Summe aus materieller und immaterieller Wohlstandsentwicklung steigen [HULPKE/KOCH/NIESSNER, 2000]. Der Begriff des wirtschaftlichen Wohlstands umfasst also mehr als nur den Aspekt, dass es dem Einzelnen in materieller Hinsicht an nichts fehlt.

Die Maslow'sche Bedürfnispyramide hierarchisiert menschliche Bedürfnisse. Die unterste Stufe sind physiologische Bedürfnisse wie Nahrung, Wärme, Schlaf, etc. Auf der zweiten Stufe rangiert das Sicherheitsbedürfnis. Es beinhaltet die Aspekte

- Sicherheit
- Stabilität
- Geborgenheit
- Schutz
- Angstfreiheit
- Bedürfnis nach Struktur, Ordnung, Gesetz, Grenzen [MASLOW, 1977].

Zu diesem Bereich gehört das Schutzgut „wirtschaftlicher Wohlstand". Es ist Teil der Nachhaltigkeitsstrategie der Bundesregierung [BUNDESREGIERUNG, 2012]. Man geht dabei von dem grundlegenden Gedanken aus, dass Bevölkerungen in Gesellschaften mit wirtschaftlichem Wohlstand gegenseitig weniger aggressiv sind als solche, die in Gesellschaften mit Armut leben. Also ist es die Pflicht des Staates als Inhaber des Gewaltmonopols, für ein entsprechendes System zu sorgen. Das Schutzgut wirtschaftlicher Wohlstand vereint ökonomische und soziale Aspekte der Nachhaltigkeit. Der Wohlstand ist ein Maß für den gesamtwirtschaftlichen Lebensstandard, der Güterversorgung und des Nutzens von Gütern [HARDES/UHLY, 2007]. Der Begriff der Nachhaltigkeit bedeutet auch die gerechte Verteilung von Handlungsmöglichkeiten zwischen den und auch innerhalb der Generationen [MECKLENBURG, 2010]. Die zurzeit übliche alleinige Berücksichtigung des Bruttoinlandsprodukts (BIP) ist für die Messung des wirtschaftlichen Wohlstands unzureichend. Das BIP ist kein adäquates Maß für gesellschaftlichen Wohlstand [SRU, 2012]. Es werden Indikatoren gesucht, die den wirtschaftlichen Wohlstand messbar machen und gleichzeitig auch Aspekte der Verteilungsgerechtigkeit beinhalten.

Es geht also vielmehr darum, dass im Sinne der Bedürfnispyramide [MASLOW, 1977] höhere Niveaus für jeden Einzelnen erreicht werden. Dazu gehören die dritte Ebene (soziale Bedürfnisse), die vierte Ebene (individuelle Bedürfnisse) und die fünfte Ebene (Selbstverwirklichung). Realistischer Weise müssen aber auch rein ökonomische Aspekte eine Rolle in der Betrachtung spielen. Aus Sicht vieler Unternehmen werden Maßnahmen nur durchgeführt werden, wenn sich daraus ein Gewinn für das Unternehmen generieren lässt [ADAM, 2013].

Insoweit werden für das letzte Schutzgut drei Kategorien eingeführt, die besonders zum wirtschaftlichen Wohlstand beitragen: Innovation [HOLTMANN, et.al., 2012], wirtschaftliche Teilhabe [WIRZ/HILDMANN, 2010] und die Gleichstellung von Mann und Frau [DANIELLI/BACKHAUS/ LAUBE, 2009] (siehe Abbildung 5.5).

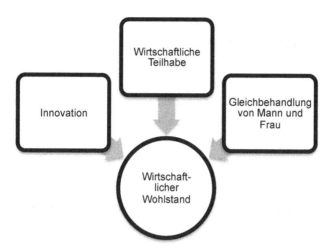

Abbildung 5.5: Schutzgut "wirtschaftlicher Wohlstand"

Das Schutzziel „wirtschaftlicher Wohlstand" enthält ökologische, ökonomische und soziale Aspekte.

5.3.4.1 Nachhaltigkeitsindikatoren der Kategorie „Innovation"

Der Begriff der Innovation entstammt der lateinischen Sprache (=innovare) und bedeutet so viel wie erneuern. Im Volksmund wird die Innovation als das Inverkehrbringen neuer Ideen als Produkte oder Dienstleistungen am Markt in Zusammenhang mit einer wirtschaftlichen Tätigkeit verstanden [BRAUN-THÜRMANN, 2005]. Die Innovationsfreudigkeit steht in direktem Zusammenhang mit dem wirtschaftlichen Wohlstand einer Gesellschaft [HOLTMANN, et.al., 2012]. Mit Innovationen in Bildung sowie Forschung und Entwicklung können Gesellschaften in die Entstehung von Patenten investieren und in der Qualifikationshierarchie der Weltarbeitsteilung ein höheres Ranking erreichen. Die Innovationsfähigkeit einer Gesellschaft gilt als zentraler Frühindikator für das zukünftige Wohlstandsniveau [HOLTMANN, et.al., 2012]. Innovationen schaffen für das betroffene Unternehmen Perspektiven, wenn zentrale Kundenbedürfnisse erkannt und angesprochen werden [KNEUPER,

et.al., 2011]. Die Bereitschaft eines Kunden, Produkte oder Dienstleistungen einzukaufen, wandelt wirtschaftliche Ressourcen in Wohlstand. Unternehmen müssen deshalb in zwei entscheidende Faktoren
investieren: Innovation und Marketing [DRUCKER, 2006]. Das Marketing
muss an der Marke ausgerichtet sein, da Kunden - solange das zentrale
Entscheidungskriterium die Bedürfnisbefriedigung ist - sich für Marken
entscheiden und nicht für Produkte [KNEUPER, et.al., 2011]. Insofern
kann die Nachhaltigkeit auch Leitmerkmal für Unternehmen sein und der
Kunde kann und wird sich dann für innovative Produkte entscheiden.

Die Kategorie „Innovation" enthält zwei Nachhaltigkeitsindikatoren:

1. Anteil der Ausgaben für Forschung und Entwicklung

2. Anzahl der Patentanmeldungen in einem definierten Zeitraum

5.3.4.1.1 Anteil der Ausgaben für Forschung und Entwicklung

Am Anfang einer Innovation steht die Investition finanzieller und materieller Ressourcen in eine Idee. Der wirtschaftliche Wohlstand einer Gesellschaft hängt stark von der Innovationsfreudigkeit der Gesellschaft ab
[FALCK/KIPAR/WÖßMANN, 2008]. Quelle der Investitionen kann zum
einen die Allgemeinheit sein. Zum anderen können die Ideen für Innovationen aber auch von den Unternehmen innerhalb der Gesellschaft ausgehen. Unternehmenslenker erhoffen sich durch Forschung und Entwicklung wirtschaftliches Fortkommen ihres Unternehmens [HER-
STATT/VERWORN, 2007]. Diese Strategie ist erfolgversprechend. Je
höher die Investitionsquote, desto höher das Wachstum [FRITSCH,
1968]. Die Investitionsquote wird über die Ausgaben für Forschung und
Entwicklung eines Unternehmens ausgedrückt. Als Bezugsgröße dient
der Umsatz des Unternehmens.

Der Indikator bildet das Verhältnis aus Ausgaben für Forschung und
Entwicklung und dem Umsatz des Unternehmens. Je geringer der Anteil
der Ausgaben für Forschung und Entwicklung am Umsatz des Unter-

nehmens, desto größer ist der nachteilige Einfluss auf das Schutzgut „Wirtschaftlicher Wohlstand".

5.3.4.1.2 Anzahl der Patentanmeldungen in einem definierten Zeitraum

Der wirtschaftliche Wohlstand hängt stark von der Innovationsfreudigkeit der Gesellschaft - und damit auch ihrer Unternehmen - ab [FALCK/ KIPAR/WÖßMANN, 2008]. Patente gelten als Neuerungen und damit als Innovationen. Durch die Anzahl von Patentanmeldungen kann somit auf die Innovationsfreudigkeit von Unternehmen geschlossen werden [HALLER/SCHEDL, 2009]. Eine hohe Anzahl von Patenten sichert also den wirtschaftlichen Wohlstand einer Gesellschaft. Patente werden für Erfindungen, die neu sind, auf einer erfinderischen Tätigkeit beruhen und gewerblich anwendbar sind, auf allen Gebieten der Technik erteilt (§1 Abs. 1 Patentgesetz). Der Patentinhaber offenbart sein geistiges Eigentum und erhält im Gegenzug das Recht, Dritten die Nutzung seines Eigentums zu verbieten bzw. eine Entschädigung für die Nutzung des Patents zu verlangen (§ 33 Abs. 1 Patentgesetz). Dieses Recht gilt befristet. Nach Ablauf des Patentschutzes geht das geistige Eigentum in den Besitz der Allgemeinheit über [SCHULTE/KÜHNEN, 2008]. Damit partizipieren sowohl das Unternehmen als auch die Allgemeinheit an der Innovation und der wirtschaftliche Wohlstand der Gesellschaft wird gemehrt.

Der Indikator zählt die Anzahl von Patentanmeldungen im Unternehmen in den letzten fünf Kalenderjahren. So wird ein aktueller Eindruck der Innovationsfreudigkeit des Unternehmens abgebildet. Je geringer die Anzahl von Patentanmeldungen im Unternehmen, desto größer ist der nachteilige Einfluss auf das Schutzgut „Wirtschaftlicher Wohlstand".

5.3.4.2 Nachhaltigkeitsindikatoren der Kategorie „Wirtschaftliche Teilhabe"

Die soziale Marktwirtschaft bedeutet Sozialisierung von Fortschritt und Gewinn und damit Teilhabe an wirtschaftlicher und technischer Entwicklung. Der politische Vordenker der sozialen Marktwirtschaft, Ludwig ERHARD, formulierte sie als „Wohlstand für alle". Damit meinte er nicht nur einen materiellen Konsumismus, sondern vielmehr einen verteilungspolitischen Ansatz, der jedermann ermöglichen soll, am wirtschaftlichen und gesellschaftlichen Fortschritt der Moderne partizipieren zu können [WIRZ/HILDMANN, 2010]. Hierbei muss die Verteilungsgerechtigkeit beachtet werden. Der amerikanische Philosoph John RAWLS beantwortet diese Frage mit dem Differenzprinzip. Es lautet: Soziale und ökonomische Ungleichheiten müssen so bekämpft werden, dass die Veränderungen [...] den am wenigsten begünstigten Angehörigen der Gesellschaft den größten Vorteil bringen [RAWLS/KELLY, 2001]. Die realen Nettolöhne stagnieren seit Jahren, während die Einnahmen aus Betriebsüberschüssen und Vermögen weiter steigen [MACHNIG, 2011]. Damit diese „Kluft" nicht immer größer wird und ganze Bevölkerungsgruppen von der positiven wirtschaftlichen Entwicklung „abgehängt" werden, müssen geeignete Instrumente gefunden werden, die die Interessen beider Gruppen ausgleichen und den sozialen Frieden wahren.

Die Kategorie „Wirtschaftliche Teilhabe" enthält zwei Nachhaltigkeitsindikatoren:

1. Sozialversicherungspflichtige Beschäftigung
2. Einkommensentwicklung

5.3.4.2.1 Sozialversicherungspflichtige Beschäftigung

Eine große Errungenschaft der sozialen Marktwirtschaft ist das soziale Sicherungssystem [GOLDSCHMIDT/WOHLGEMUTH, 2004]. Die Solidargemeinschaft organisiert über Pflichtabgaben von Arbeitgebern und Arbeitnehmern in die Sozialversicherungssysteme ein Sicherungsnetz für Angehörige der Gesellschaft, die diese Hilfe zeitweilig benötigen [MAY, 2006]. Bis zu einem monatlichen Betrag von 400 EUR waren bis zum 31.12.2012 Einnahmen aus abhängigen Beschäftigungsverhältnissen von der Sozialversicherungspflicht befreit [KELLER/SEIFERT, 2007]. Dieser Betrag wurde vom 01.01.2013 an auf 450 EUR erhöht.

Das System der Sozialversicherung ist aus den Folgen der Industrialisierung in den Industrieländern entstanden und stellt als Daseinsfürsorge einen wichtigen Bestandteil der Wirtschafts- und Gesellschaftsordnung dar [RITTER, 1983]. Im letzten Jahrzehnt wurde in Deutschland und anderen Industriestaaten die Flexibilisierung des Arbeitsmarktes stark gefördert und das Instrument des Mini-Jobs entdeckt. Oftmals wurden reguläre Beschäftigungsverhältnisse zugunsten der Mini-Jobs ersetzt. Damit entfielen die Sozialversicherungsbeiträge [KEMPMANN, 2004]. Inzwischen gilt es als allgemein anerkannt, dass Mini-Jobs unsozial [BPB, 2003] und damit gesellschaftlich schädlich sind. Einzelne entziehen sich der Solidargemeinschaft - die gleiche Last muss von weniger Schultern getragen werden. Hierin ist auch ein Verstoß gegen Art. 14 GG zu sehen, der die Festlegung enthält, dass „Eigentum verpflichtet". Die Sozialpflichtigkeit von Eigentum sollte von den Unternehmen geachtet werden. Dies gilt gerade vor dem Hintergrund, dass jederzeit eine Situation eintreten kann, aus der für den Beschäftigten eine Hilfsbedürftigkeit entsteht. Deshalb ist die Ermittlung der Quote von sozialversicherungspflichtigen Beschäftigungsverhältnissen zur Gesamtzahl aller Beschäftigten sowohl aus sozialen als auch aus Aspekten des wirtschaftlichen Wohlstands von Bedeutung.

Der Indikator misst den Anteil sozialversicherungspflichtiger Beschäftigung an der Gesamtzahl von Beschäftigten im Unternehmen. Je niedriger die Quote von sozialversicherungspflichtigen Beschäftigungsverhältnissen im Unternehmen, desto größer ist der nachteilige Einfluss auf das Schutzgut „Wirtschaftlicher Wohlstand".

5.3.4.2.2 Einkommensentwicklung

Der Begriff des Kasino-Kapitalismus beschreibt krisenanfällige globalisierte Finanzmärkte, die sich von der Realwirtschaft abgekoppelt haben [STRANGE, 1997]. Ein Teil der Ökonomen ist der Ansicht, dass Finanzmärkte dazu neigen, sich von der Realwirtschaft abzukoppeln. In diesem Moment tritt die Finanzierung von Wertschöpfung gegenüber spekulativen Transaktionsgeschäften zurück [HANSEN, 2008]. Parallel zu diesem Phänomen wird die Ausrichtung von Unternehmen auf den kurzfristigen Erfolg beklagt. Das Unternehmen richtet seine Strategie komplett auf die Shareholder (Anteilseigner) aus. In der Regel kommt es zu so genannten Rationalisierungsmaßnahmen, die einen Großteil der Beschäftigten mit einer Verschlechterung der Arbeitsbedingungen treffen. Gleichzeitig steigen die Dividenden und Vorstandsgehälter [KOLECZKO, 2009].

Ein anderer Ansatz stellt die Orientierung an Stakeholdern dar. Hier werden die Strategien auf den langfristigen Erfolg eines Unternehmens unter Berücksichtigung der Interessen der Beschäftigten, Kunden, Zulieferern und nicht marktlicher Anspruchsgruppen ausgerichtet [KOLECZKO, 2009]. Diese Art von Unternehmen ist langfristig erfolgreich - unabhängig von Größe, Rechtsform, Branche, Finanzierung und Börsenlistung [KOLECZKO, 2009]. Um die Stakeholderorientierung zu messen, kann die Entwicklung des Unternehmensgewinns mit der Entwicklung der Einkommen verglichen werden. Damit kann eine Entkopplung des Unternehmensgewinns von der Einkommensentwicklung gemessen werden.

Der Indikator misst die Einkommensentwicklung des 25. Perzentils des vergangenen Geschäftsjahrs mit dem laufenden. Dazu kommt die Entwicklung des Unternehmensgewinns des vergangenen Geschäftsjahrs mit dem laufenden. Beide Kennzahlen werden ins Verhältnis gesetzt. Je kleiner das Verhältnis von Einkommensentwicklung im Unternehmen zum Unternehmensgewinn, desto größer ist der nachteilige Einfluss auf das Schutzgut „Wirtschaftlicher Wohlstand".

5.3.4.3 Nachhaltigkeitsindikatoren der Kategorie „Gleichbehandlung von Mann und Frau"

Die Gleichstellung von Mann und Frau ist eine der zentralen Forderungen der Völkergemeinschaft [UNITED NATIONS, 1948]. Ziel ist die faktische Angleichung der Chancen der Geschlechter in den unterschiedlichen Lebensbereichen [BMFSFJ, 2007]. Der Begriff der Gleichstellung geht über den der Gleichberechtigung hinaus. Gleichberechtigung ist ein juristischer Begriff, der die Gleichbehandlung im juristischen Sinne meint und nicht die faktische Gleichstellung [BARZ, 2010]. Die Gleichstellung ist weltweit von Bedeutung, da sie in Zusammenhang mit dem Thema Armut, mit dem Zugang zu Bildung und zur Gesundheitsfürsorge, der Teilnahme an der Wirtschaft und an Entscheidungsprozessen sowie der Anerkennung von Frauenrechten als Menschenrechten einher geht [EU-KOMMISSION, 2010]. Das betroffene Unternehmen ist hier besonders durch seine soziale Verantwortung für seine Beschäftigten betroffen.

Die Kategorie „Gleichbehandlung von Mann und Frau" enthält zwei Nachhaltigkeitsindikatoren:

1. Verdienstrückstand Mann/Frau bei gleicher Tätigkeit
2. Aufwendungen für Vereinbarkeit von Beruf und Familie

5.3.4.3.1 Verdienstrückstand Mann/Frau bei gleicher Tätigkeit

Eine besondere Benachteiligung von Mann und Frau besteht in der Bezahlung. Frauen werden in gleichen Positionen schlechter bezahlt als Männer [HAMMER/LUTZ, 2002]. Der durchschnittliche Bruttomonatsverdienst von Frauen ist ca. ein Fünftel geringer als der von Männern [HBS, 2012]. Nach dem in Art. 3 GG festgeschriebenen Gleichheitsgrundsatz dürfte ein solcher Rückstand nur existieren, wenn er durch die jeweilige damit verbundene Tätigkeit begründet werden kann. Eine Benachteiligung bei der Gehaltszahlung allein aufgrund des Geschlechts verbietet aber schon § 611a des Bürgerlichen Gesetzbuches. Auch das im Jahre 2006 verkündete Allgemeine Gleichbehandlungsgesetz (AGG) soll unter anderem Benachteiligungen aus Gründen des Geschlechts verhindern oder beseitigen.

Der Versuch, Arbeit und Beruf zu vereinbaren, führt dazu, dass gerade Frauen Teilzeitbeschäftigungen beginnen oder Erwerbspausen einlegen [ACHATZ, et.al., 2009]. Ein geringeres Einkommen ist dabei gleichbedeutend mit einer geringeren wirtschaftlichen Unabhängigkeit [HOLTMANN, et.al., 2012]. Dies führt auch zu geringeren Renten [KIRNER, 1980]. Es besteht also aufgrund der gesellschaftlichen Umstände die Möglichkeit, aufgrund des Geschlechts wirtschaftlich benachteiligt zu werden. Somit wäre im Sinne der Verteilungsgerechtigkeit das Schutzgut „Wirtschaftlicher Wohlstand" nachteilig beeinflusst.

Es werden deshalb die Bruttojahreseinkommen von Frauen ins Verhältnis zu denen der Männer in gleichen Positionen gesetzt. Je kleiner das Verhältnis, desto größer ist der nachteilige Einfluss auf das Schutzgut „Wirtschaftlicher Wohlstand".

5.3.4.3.2   Aufwendungen für Vereinbarkeit von Beruf und Familie

Die Bundesregierung fördert die Vereinbarkeit von Beruf und Familie auch unter Zuhilfenahme von Mitteln des Europäischen Sozialfonds [LIVIC, 2007]. Die Gründung einer Familie wird inzwischen in Konkurrenz zum Beruf sowohl in Bezug auf das wirtschaftliche Überleben als auch in Bezug auf die verfügbare Zeit gesehen [OCHS/ORBAN, 2007]. Gerade der Druck auf Alleinerziehende steigt, sich für das eine oder das andere zu entscheiden. Dabei steht oft nicht nur der wirtschaftliche Wohlstand, sondern vielmehr die wirtschaftliche Existenz auf dem Spiel [SCHUSTER, 2010]. Da zum Bestehen einer Gesellschaft und zur Sicherung des wirtschaftlichen Wohlstands aber eine gewisse Geburtenrate notwendig ist, liegt es im Interesse des jeweiligen Unternehmens, die

Vereinbarkeit von Beruf und Familie durch geeignete Maßnahmen zu unterstützen.

Es werden die Aufwendungen für Maßnahmen zur Förderung der Vereinbarkeit von Beruf und Familie gemessen. Je geringer die Aufwendungen, desto größer ist der nachteilige Einfluss auf das Schutzgut „Wirtschaftlicher Wohlstand".

Das Nachhaltigkeitsindikatorensystem zur Untersuchung und Bewertung der Nachhaltigkeit von Chemikalien im Rahmen des methodischen Vorgehens unter „SusDec" wurde errichtet. Somit sind die Schutzgüter, Kategorien und Nachhaltigkeitsindikatoren und damit auch die Aspekte der Nachhaltigkeit bekannt, auf die die Nachhaltigkeit unter „SusDec" verdichtet wird. Für jeden Nachhaltigkeitsindikator wurde begründet, aus welchen Gründen er für die Untersuchung und Bewertung der Nachhaltigkeit von Relevanz ist. Im nächsten Unterkapitel wird das Schema zur Durchführung von „SusDec" vorgestellt. Es ist abgeleitet aus der allgemein anerkannten Vorgehensweise der UBA-Methode zum Vergleich von Ökobilanzen.

5.4 Schema zur Durchführung der Methode „SusDec"

Nachdem nun die Schutzgüter, Kategorien und Indikatoren festgelegt sind, können die Indikatorergebnisse ermittelt werden. Bei der Ermittlung der Ergebnisse werden die Anforderungen aus den vorherigen Kapiteln zugrunde gelegt. Die unternehmensinternen Daten können dort akquiriert werden. Alle weiteren Angaben sind durch staatliche Stellen ermittelt worden. Das Vorgehen ist von der UBA-Methode zum Vergleich von Ökobilanzen abgeleitet worden [UBA, 1999].

Die Indikatorergebnisse werden als Sachbilanzdaten für beide Produktsysteme berechnet und in einer Tabelle gegenüber gestellt. Hierbei wird die Mehrbelastung für das Produktsystem ermittelt, das das höhere Ergebnis aufweist (siehe Abbildung 5.6):

$$Mehrbelastung_i = \left| \frac{IE_{i,max} - IE_{i,min}}{IE_{i,min}} \right| = [in\ \%]$$

IE$_i$: Indikatorergebnisse in der Wirkungskategorie
i$_{min,max}$: kleinerer, größerer der beiden verglichenen Werte

Abbildung 5.6: Berechnung der Mehrbelastung

Die Ergebnisse werden in einem T-Diagramm dargestellt. Dabei zeigt die Ausrichtung der einzelnen Balken an, welches der verglichenen Untersuchungssysteme in welcher Wirkungskategorie ein jeweils höheres Indikatorergebnis aufweist. Die Länge und Richtung der einzelnen Balken ist als Information für die Vor- und Nachteile eines der beiden Systeme für die Nachhaltigkeit aber nicht hinreichend. Diese Problemstellung wird über die Einführung einer Normierung und Hierarchisierung gelöst.

In Konsequenz würde dies folgenden mathematischen Zusammenhang für die Auswertung bedeuten:

$$\sum_i^n Mehrbelastung_{i,MG} = \sum_i^n \left| \frac{IE_{i,max} - IE_{i,min}}{IE_{i,min}} \right| = \left| \frac{IE_{1,max} - IE_{1,min}}{IE_{1,min}} \right| + ... + \left| \frac{IE_{7,max} - IE_{7,min}}{IE_{7,min}} \right| = R_{MG}$$

$$\sum_i^n Mehrbelastung_{i,SF\ddot{O}} = \sum_i^n \left| \frac{IE_{i,max} - IE_{i,min}}{IE_{i,min}} \right| = \left| \frac{IE_{1,max} - IE_{1,min}}{IE_{1,min}} \right| + ... + \left| \frac{IE_{7,max} - IE_{7,min}}{IE_{7,min}} \right| = R_{SF\ddot{O}}$$

$$\sum_i^n Mehrbelastung_{i,RV} = \sum_i^n \left| \frac{IE_{i,max} - IE_{i,min}}{IE_{i,min}} \right| = \left| \frac{IE_{1,max} - IE_{1,min}}{IE_{1,min}} \right| + ... + \left| \frac{IE_{5,max} - IE_{5,min}}{IE_{5,min}} \right| = R_{RV}$$

$$\sum_i^n Mehrbelastung_{i,WW} = \sum_i^n \left| \frac{IE_{i,max} - IE_{i,min}}{IE_{i,min}} \right| = \left| \frac{IE_{1,max} - IE_{1,min}}{IE_{1,min}} \right| + ... + \left| \frac{IE_{6,max} - IE_{6,min}}{IE_{6,min}} \right| = R_{WW}$$

mit

$$R_{SusDec} = R_{MG} + R_{SF\ddot{O}} + R_{RV} + R_{WW}$$

Abbildung 5.7: Berechnung der Mehrbelastung - Summation

Die Mehrbelastungen würden summiert und das Produkt mit weniger Mehrbelastung ausgewählt. Die Indikatorergebnisse der einzelnen Indikatoren sind qualitativ oder quantitativ aber nicht unmittelbar miteinander vergleichbar. Die Indikatorergebnisse sollen deshalb in Vorbereitung auf eine kategorienübergreifende Auswertung hierarchisiert werden. Dies bedarf eines Normierungs- und eines Ordnungsschrittes. In den Schritten Ordnung und Normierung wird die Vergleichbarkeit der Wirkungsindikatorergebnisse unterschiedlicher Wirkungskategorien hergestellt, damit diese einer kategorienübergreifenden Auswertung zugeführt werden können. [UBA, 1999]

Die drei einzuführenden Aspekte der Ordnung und Normierung sind:

1. Gefährdung der menschlichen Existenz
2. Distance-to-Target (Abstand zum angestrebten Zustand des Schutzgutes)
3. Spezifischer Beitrag

Die drei Aspekte werden mit Prioritäten verknüpft und damit bewertet. Die Beurteilung führt zu einer Rangbildung gemäß einer fünfstufigen ordinalen Skala von

- A (höchste Priorität)

  bis

- E (niedrigste Priorität).

Die Rangbildung ist als relatives Urteil über die Indikatorergebnisse anzusehen, nicht als absolutes. Wird ein Indikatorergebnis im Aspekt „Gefährdung der menschlichen Existenz" mit dem Rang „E" beurteilt, bedeutet das nicht, dass der Aspekt absolut gesehen als gering eingeschätzt wird. Lediglich in der Einordnung gegenüber den anderen Indikatorergebnissen wird der Aspekt als nachrangig angesehen. [UBA, 1999]

Mit dem Aspekt der „Gefährdung der menschlichen Existenz" wird bewertet, wie schwerwiegend die mit ihr verbundenen potentiellen Schäden für das betroffene Schutzgut eingeschätzt werden. Diese Beurteilung erfolgt unabhängig vom aktuellen Zustand des Schutzgutes und unabhängig von dem konkret ermittelten Indikatorergebnis. Berücksichtigung in diesem Aspekt finden insbesondere:

- die möglichen Auswirkungen eines Schadens auf die Schutzgüter,
- das Ausmaß der Reversibilität der Schadwirkung,
- die räumliche Ausdehnung des Schadens sowie
- Unsicherheiten bei der Prognose der Auswirkungen [UBA, 1999].

Mit dem Aspekt „Distance-to-Target" werden die Wirkungskategorien aufgrund des Vergleichs zwischen dem aktuellen und dem jeweils angestrebten Zustand beurteilt. Folgende Aspekte sind bei der Beurteilung einer Wirkungskategorie nach ihrem Distance-to-Target zu berücksichtigen:

- Der Abstand des Zustands eines Schutzgutes von einem quantifizierten Schutzgutqualitätsziel. In vielen Fällen existiert kein quantifiziertes Schutzgutqualitätsziel. Hier kann bei der Beurteilung eines Indikatorergebnisses nach ihrem Distance-to-Target ersatzweise auch ein gesellschaftlich akzeptiertes Handlungsziel für das jeweilige Schutzgut herangezogen werden.
- Der derzeitige oder der zu erwartende Trend der betreffenden Beanspruchung des Schutzgutes.
- Die Durchsetzbarkeit und Wirksamkeit der für eine Zielerreichung erforderlichen Maßnahmen. [UBA, 1999]

Der Aspekt „spezifischer Beitrag" bezieht die Indikatorergebnisse auf die aktuelle Situation des Schutzgutes des betreffenden Indikators.

Nun können die Ergebnisse aus der Normierung und Ordnung zusammengeführt werden und es ergibt sich eine Liste nach Priorität. Die Priorität wird in der Auswertungsphase dazu genutzt, die Indikatorergebnisse der einzelnen Schutzgüter miteinander vergleichbar zu machen. Die Darstellung der Indikatorergebnisse im T-Diagramm wird durch eine weitere qualitative Information ergänzt. Neben der Größe und der Richtung wird die Priorität für die Nachhaltigkeit unter „SusDec" dargestellt. Erst hierdurch wird es im Rahmen der Auswertung möglich, die Balken untereinander zu vergleichen und gegeneinander abzuwägen. Die Priorität für die Nachhaltigkeit eines Indikatorergebnisses unter „SusDec" wird gemäß der folgenden fünfstufigen Skala verbal ausgedrückt:

- sehr groß
- groß
- mittel
- gering
- sehr gering [UBA, 1999]

Das Schema der gleichgewichtigen Zusammenführung der Aspekte „Gefährdung der menschlichen Existenz", „Distance-to-Target" und „Spezifischer Beitrag" als Priorität für die Nachhaltigkeit unter „SusDec" ist in Abbildung 5.8 dargestellt [nach UBA, 1999]:

Verbale Einzelbeurteilung nach „Gefährdung der menschlichen Existenz", „Distance-to-Target" und „Spezifischer Beitrag"			Priorität für die Nachhaltigkeit unter *SusDec*
A	A	A	Sehr groß
A	A	B	Sehr groß
A	A	C	Groß
A	A	D	Groß
A	A	E	Groß
A	B	B	Groß
A	B	C	Groß
A	B	D	Groß
A	B	E	Mittel
A	C	C	Groß
A	C	D	Mittel
A	C	E	Mittel
A	D	D	Mittel
A	D	E	Mittel
A	E	E	Gering
B	B	B	Groß
B	B	C	Groß
B	B	D	Mittel
B	B	E	Mittel
B	C	C	Mittel
B	C	D	Mittel
B	C	E	Mittel
B	D	D	Mittel
B	D	E	Gering
B	E	E	Gering
C	C	C	Mittel
C	C	D	Mittel
C	C	E	Gering
C	D	D	Gering
C	D	E	Gering
C	E	E	Gering
D	D	D	Gering
D	D	E	Gering
D	E	E	Sehr gering
E	E	E	Sehr gering

Abbildung 5.8: Schema „Zusammenführung zur Bestimmung der Priorität für die Nachhaltigkeit"

Nachdem die Priorität für die Nachhaltigkeit unter „SusDec" bestimmt wurde, können nun die Indikatorergebnisse derselben Priorität miteinander verglichen werden. Aus Gründen der Praktikabilität werden die Indikatorergebnisse mit derselben Priorität farblich gleich gekennzeichnet.

Alternativ können die Indikatoren mit derselben Priorität in separaten Abbildungen dargestellt werden.

Danach werden die beiden untersuchten Produktsysteme durch Gegenüberstellung der jeweiligen Mehrbelastung durch das zugehörige Produktsystem abschließend miteinander verglichen. Die im T-Diagramm gegenüberstehenden Balken mit ähnlichem Betrag und gleicher Priorität für die Nachhaltigkeit werden unter „SusDec" als gleichwertig betrachtet und gegeneinander aufgewogen. Balken mit unterschiedlicher Priorität können grundsätzlich nicht gegeneinander aufgewogen werden, da die Klassen der Prioritäten ordinal skaliert sind und sich somit Aussagen über das Verhältnis zweier Klassen nicht machen lassen. [UBA, 1999]

Dies bedeutet folgenden mathematischen Zusammenhang:

$$\sum_{i}^{n} Mehrbelastungen_{i,A} = \sum_{i,j}^{n} Mehrbelastung_{i,j,A} = Mehrbelastung_{i,MG,A} + Mehrbelastung_{i,SFO,A} + Mehrbelastung_{i,RV,A} + Mehrbelastung_{i,WW,A} = R_A$$

$$\sum_{i}^{n} Mehrbelastungen_{i,B} = \sum_{i,j}^{n} Mehrbelastung_{i,j,B} = Mehrbelastung_{i,MG,B} + Mehrbelastung_{i,SFO,B} + Mehrbelastung_{i,RV,B} + Mehrbelastung_{i,WW,B} = R_B$$

$$\sum_{i}^{n} Mehrbelastungen_{i,C} = \sum_{i,j}^{n} Mehrbelastung_{i,j,C} = Mehrbelastung_{i,MG,C} + Mehrbelastung_{i,SFO,C} + Mehrbelastung_{i,RV,C} + Mehrbelastung_{i,WW,C} = R_C$$

$$\sum_{i}^{n} Mehrbelastungen_{i,D} = \sum_{i,j}^{n} Mehrbelastung_{i,j,D} = Mehrbelastung_{i,MG,D} + Mehrbelastung_{i,SFO,D} + Mehrbelastung_{i,RV,D} + Mehrbelastung_{i,WW,D} = R_D$$

$$\sum_{i}^{n} Mehrbelastungen_{i,E} = \sum_{i,j}^{n} Mehrbelastung_{i,j,E} = Mehrbelastung_{i,MG,E} + Mehrbelastung_{i,SFO,E} + Mehrbelastung_{i,RV,E} + Mehrbelastung_{i,WW,E} = R_E$$

Abbildung 5.9: Schema "Zusammenführung zur Bestimmung der Priorität für die Nachhaltigkeit" - Summierung

Als Urteil kommen folgende Feststellungen bei der Auswertung der aggregierten Resultate R_i und deren Vergleich und Einordnung infrage:

1. Es gibt signifikante Unterschiede.

2. Die Unterschiede sind nicht signifikant.

Nach der Beschreibung des konkreten Vorgehens im Rahmen der Methode „SusDec" wird die Praktikabilität der theoretisch geplanten Methode an einem Anwendungsbeispiel überprüft. So können Fehler im Design der Methode oder Schwierigkeiten bei der praktischen Durchführung identifiziert und kritisch hinterfragt werden. Die praktische Anwen-

dung von „SusDec" an einem Beispiel soll der Inhalt des nächsten Unterkapitels sein.

5.5   Anwendungsbeispiel von „SusDec"

Vor Beginn der Durchführung der entwickelten Methode „SusDec" müssen auch die Regelungen des novellierten Chemikalienrechts der Europäischen Union in aller Kürze vorgestellt werden. Auch der europäische
Gesetzgeber formuliert im Text der Rechtsvorschrift, dass mit den Regelungen der REACh-Verordnung die Förderung der nachhaltigen Entwicklung unterstützt werden soll und sieht entsprechende Maßnahmen vor.

5.5.1   Gesetzliche Grundlagen - die REACh-Verordnung

Zum Verständnis der Chemikalienregulierung auf europäischer Ebene
werden die Regelungen des Altrechts, die grundlegenden Prinzipien der
REACh-Verordnung und deren Hauptelemente - Registrierung, Bewertung, Zulassung und Beschränkung von Chemikalien - skizziert sowie
die drei geplanten Hauptziele der REACh-Verordnung dargelegt.

Zu diesen Hauptzielen gehören:

- die Sicherstellung eines hohen Schutzniveaus für die menschliche Gesundheit und die Umwelt,
- die Verbesserung der Wettbewerbsfähigkeit der chemischen Industrie sowie
- ein freier Warenverkehr von Substanzen auf dem gemeinsamen
  Binnenmarkt.

Darüber hinaus wird die Idee der Nachhaltigkeit und die Schnittstelle hin
zur REACh-Verordnung vorgestellt. In diesem Zusammenhang wird
auch geklärt, wie eine nachhaltige Substitutionsentscheidung ermöglicht
werden kann.

Hierzu werden folgende Punkte dargelegt:

1. Entwicklung der Idee der nachhaltigen Entwicklung
2. Übernahme als international politisch anerkanntes Ziel
3. Mögliche Bemessungsgrößen der Nachhaltigkeit
4. Ausgestaltung einer nachhaltigen Substitutionsentscheidung
5. Entwicklung einer neuen Methode zur Nachhaltigkeit von Chemikalien

Bei der REACh-Verordnung (Verordnung (EG) Nr. 1907/2006) handelt es sich um die Chemikalienverordnung der EU. Sie trat am 01.06.2007 in Kraft. Der Name der REACh-Verordnung steht für die Registrierung, Bewertung, Zulassung und die Beschränkung von Chemikalien. Neben anderen Zielen soll mit der REACh-Verordnung im Zusammenhang mit Chemikalien ein hohes Schutzniveau für die menschliche Gesundheit und die Umwelt mit dem Ziel einer nachhaltigen Entwicklung sichergestellt werden.

Abbildung 5.10 zeigt die Instrumente und Mechanismen im Rahmen der REACh-Verordnung:

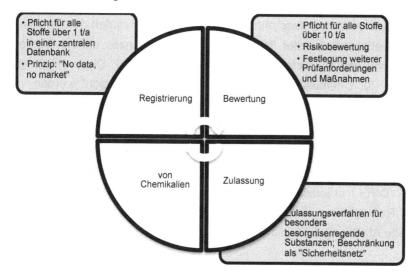

Abbildung 5.10: Instrumente und Mechanismen unter REACh

EU-Verordnungen gelten nach Art. 288 Abs. 2 AEUV unmittelbar im gesamten Gebiet der EU, EU-Richtlinien hingegen stellen nach Art. 288 Abs. 3 AEUV rechtliche Vorgaben dar, die von den Mitgliedsstaaten erst noch in nationale Rechtsvorschriften transformiert werden müssen. Im EU-Altrecht zu Chemikalien galten ca. 40 Einzelrichtlinien [REHBINDER, 2003] und -verordnungen, die nun in einer Rechtsvorschrift zusammengefasst wurden. Damit wurde das schwer durchschaubare Geflecht von Einzelregelungen harmonisiert und durch die Regelungen der REACh-Verordnung vereinfacht.

Mit der REACh-Verordnung wurden die Verantwortlichkeiten im Bereich der Chemikaliensicherheit neu verteilt [INGEROWSKI, 2010]. Das Stichwort hierbei lautet nun „shared responsibility". „Fundament" der Chemikalienregulierung ist nun die Eigenverantwortung der Industrie. Zur Organisation und zur Kontrolle wurde mit der Europäischen Chemikalienagentur (EChA: European Chemicals Agency) in Helsinki eine neue Behörde ins Leben gerufen. Mit der Einführung der REACh-Verordnung gilt seit dem 01.12.2008 der Grundsatz „no data, no market". Das bedeutet, dass ohne das vorherige Durchlaufen des Registrierungsverfahrens bei der EChA chemische Substanzen nicht in Verkehr gebracht werden dürfen [LAHL/HAWXWELL, 2006]. Diese Pflicht gilt sowohl für Chemikalien, die neu auf den Markt gebracht werden, als auch für Chemikalien, die sich bereits auf dem Markt befinden.

Im Registrierungsverfahren ist nachzuweisen, dass bei der registrierten Anwendung des Stoffes ein sicherer Umgang gewährleistet ist. Diese sichere Anwendung gilt als erwiesen, wenn der „Derived No-Effect Level" (DNEL) unterschritten wird. Nach Vorlage des Nachweises erfolgt die Registrierung. Danach darf der Stoff EU-weit vermarktet werden (siehe Abbildung 5.11 und Abbildung 5.12).

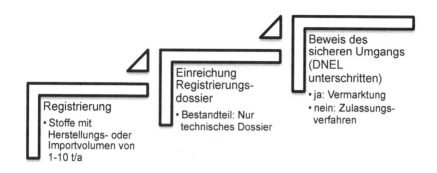

Abbildung 5.11: Ablauf des Registrierungsverfahrens für Inverkehrbringungsvolumina von 1-10 Jahrestonnen

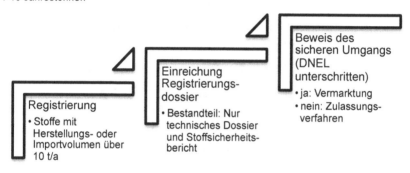

Abbildung 5.12: Ablauf des Registrierungsverfahrens für Inverkehrbringungsvolumina von mehr als 10 Jahrestonnen

Damit die Institutionen der EU, der Mitgliedsstaaten sowie die betroffene Industrie durch die Regelungen der REACh-Verordnung nicht überfordert werden, wurden Übergangsfristen formuliert [KUHN, 2010]. So begann am 01.06.2008 die Vorregistrierungsfrist für bestimmte Stoffe. Die Vorregistrierung ist dem eigentlichen Registrierungsverfahren vorangestellt. Während dieser Phase wurden Foren gebildet, in denen sich die betroffenen Hersteller und Importeure gleicher Stoffe austauschen sollten. Nach dem Durchlaufen des kostenlosen Vorregistrierungsverfahrens erhielten die Hersteller und Importeure je nach Mengenband und Stoffeigenschaften eine Verlängerung der Einreichungsfristen für das Registrierungsverfahren.

Abbildung 5.13 zeigt die Übergangsfristen und deren Differenzierung nach Herstellungs- bzw. Importvolumen und den Stoffeigenschaften:

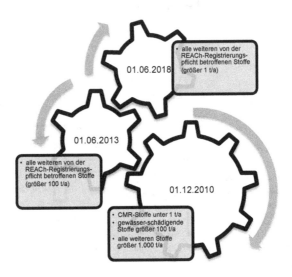

Abbildung 5.13: Übergangsfristen der REACh-Verordnung im Überblick

Je nach Mengenband werden im Rahmen des Registrierungsverfahrens unterschiedliche Anforderungen an die Daten des zu registrierenden Stoffes gestellt. Je größer das Mengenband, desto höher sind die Anforderungen [INGEROWSKI, 2010]. So kann neben der Pflicht, ein technisches Dossier über den zu registrierenden Stoff zu erstellen, auch die Erstellung eines Stoffsicherheitsberichts (CSA: Chemical Safety Assessments) erforderlich werden. Bei besorgniserregenden Stoffen sind im Rahmen des CSA zusätzlich Expositionsszenarien (ES) zu ermitteln. Im Rahmen der ES werden quantitative oder qualitative Abschätzungen zur erwarteten Dosis bzw. Konzentration des Stoffes getroffen, der der Mensch oder die Umwelt ausgesetzt wird oder werden kann. In den ES ist der gesamte Lebenszyklus des Stoffes zu berücksichtigen.

Abbildung 5.14 zeigt die Verteilung der Altstoffe nach Mengenbändern. Es handelt sich in der Summe um ungefähr 30.000 Chemikalien. Der größte Teil der in Verkehr gebrachten Chemikalien fällt allerdings in das durch die REACh-Verordnung nicht berührte Mengenband unter einer Jahrestonne (ca. 72.000 Substanzen). [BfR, 2007]

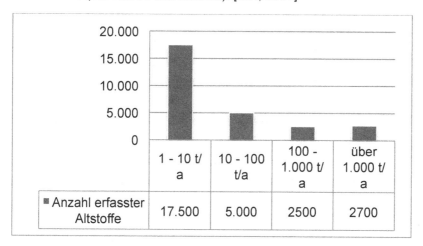

Abbildung 5.14: Verteilung der Altstoffe nach Mengenband

Bevor der Mensch mit chemischen Verbindungen in Berührung gebracht wird, sind mögliche Auswirkungen zu testen. In der Regel gehören dazu auch Untersuchungen an Wirbeltieren zur Ermittlung der toxikologischen und ökotoxikologischen Daten. Mit der REACh-Verordnung soll auch die Anzahl von Wirbeltierversuchen gesenkt werden [KUHN, 2010]. Vor der Aufnahme solcher Versuche muss deshalb in den während der Vorregistrierung gebildeten Foren nachgefragt werden, ob entsprechende Daten aus Versuchen anderer Forumsmitglieder bereits vorliegen. Die Regelungen unter REACh sehen die Verpflichtung der Hersteller und Importeure zur Datenteilung vor.

Nach erfolgtem Registrierungsverfahren erarbeiten die Mitgliedsstaaten mit dem Wissen aus der Registrierung einen Arbeitsplan zur Bewertung der Stoffe. Hierbei erhalten besonders besorgniserregende und weit

verbreitete Stoffe eine höhere Priorität [LAHL/HAWXWELL, 2006]. Diese
Stoffe können im weiteren Verfahren dann einem Beschränkungs- oder
Zulassungsverfahren unterworfen werden. Im Beschränkungsverfahren
(siehe Kapitel 5.5.1.4) können bestimmte Verwendungen untersagt werden, im Zulassungsverfahren (siehe Kapitel 5.5.1.3) sind alle Verwendungen verboten - es sei denn, es besteht eine Zulassung für eine bestimmte Verwendung.

Während im Altrecht die Akteure auf die Behörde, den Hersteller und
den Importeur beschränkt waren, wird die Kommunikation innerhalb der
Lieferkette nun ausgebaut. Für den nachgeschalteten Anwender
(„downstream user") ergeben sich nun ebenfalls Aufgaben und Pflichten,
denen er nachkommen muss [KUHN, 2010]. Dazu gehört beispielsweise
die Mitteilung der genauen Verwendung an den Hersteller oder Importeur, damit dieser die genaue Verwendung im technischen Dossier berücksichtigen und geeignete Risikominderungsmaßnahmen vorschlagen
kann. Eine solche Verwendung wird als „identifizierte Verwendung" bezeichnet. Empfohlene Risikominderungsmaßnahmen sind vom nachgeschalteten Anwender zu übernehmen. Sollte die genaue Verwendung
z.B. das Betriebsgeheimnis betreffen und deshalb nicht an den Hersteller oder Importeur gemeldet werden, muss der nachgeschaltete Anwender ein eigenes Sicherheitsdatenblatt (SDS) entwerfen. Im Rahmen des
Zulassungsverfahrens kann der nachgeschaltete Anwender seine Verwendung über einen eigenständigen Zulassungsantrag beantragen.

Als wohl wichtigstes Instrument zur Kommunikation innerhalb der Lieferkette kann das SDS angesehen werden [INGEROWSKI]. Es enthält in
Zukunft

- die Registriernummer,
- ggf. Angaben zur Beschränkung von Verwendungen,
- ggf. Angaben zur Zulassungspflicht und
- „identifizierte Verwendungen".

Damit werden alle wichtigen Daten gesammelt bereitgestellt und die Lieferkette entlang weitergegeben. Alle Akteure bis hin zum nachgeschalteten Anwender werden dadurch in die Lage versetzt, das Ziel der REACh-Verordnung nach Sicherstellung eines hohen Schutzniveaus für die menschliche Gesundheit und für die Umwelt zu erreichen.

5.5.1.1 Das Registrierungsverfahren

Das Registrierungsverfahren ist eines der vier Kerninstrumente der REACh-Verordnung. Es dient in erster Linie dazu, Wissen über einen Stoff und das mit ihm verbundene Risiko zu erlangen [INGEROWSKI, 2010]. Jeder Kandidatenstoff ab einem Inverkehrbringungsvolumen von einer Jahrestonne je Hersteller oder Importeur muss das Registrierungsverfahren durchlaufen. Für eine erfolgreiche Registrierung ist die Erstellung und Vorlage eines Dossiers erforderlich. Wird der Stoff von mehreren Herstellern oder Importeuren hergestellt oder importiert, können diese die Registrierungsinformationen gemeinsam einreichen. Im Rahmen der Untersuchungen ist unbedingt auf bereits existierende Studienergebnisse zurückzugreifen [KUHN, 2010]. Diese Studienergebnisse geben in der Regel Auskunft über die Toxizität und die Ökotoxizität von Chemikalien. Unnötiger Aufwand wird somit vermieden.

Das Dossier besteht aus zwei Stufen. Stufe eins enthält ein technisches Dossier. Stufe zwei enthält den CSA und wird ab einem Inverkehrbringungsvolumen von über zehn Jahrestonnen benötigt.

Das technische Dossier enthält unter anderem folgende Angaben:

- Identität des Herstellers
- Identität des Stoffes
- Informationen zur Verwendung und Herstellung des Stoffes
- Einstufung und Herstellung des Stoffes
- Leitlinien zur sicheren Verwendung des Stoffes

Die Quelle für solche Informationen können entweder eigene oder fremde Studien sein (siehe Art. 13 REACh-Verordnung).

Wie bereits erwähnt, ist ab einem Inverkehrbringungsvolumen von mehr als zehn Jahrestonnen die Erstellung eines CSA zusätzlich zum technischen Dossier verpflichtend. Im CSA wird im ersten Schritt ermittelt, ob der Stoff Auswirkungen auf die menschliche Gesundheit und/oder die Umwelt hat. Hierbei sind die physikalisch-chemischen Eigenschaften des Stoffes zu berücksichtigen. Ein Beispiel für differenzierte Zustandsbetrachtungen sind Nanomaterialien, die in dieser Form andere Eigenschaften haben als in „bulk"-Form. Weiterhin sind besonders besorgniserregende Eigenschaften wie Persistenz und Bioakkumulation zu betrachten und zu diskutieren. Unter Persistenz wird die schlechte biologische Abbaubarkeit und damit eine lange Verweilzeit von Chemikalien in der Umwelt verstanden [TURRINI, 2011]. Unter Bioakkumulation versteht man die Anreicherung von Chemikalien in Organismen über die Luft, die Nahrung oder das Wasser. Eine Bioakkumulation kann hierbei durch eine hohe Persistenz erheblich verstärkt werden.

Abbildung 5.15 zeigt den zweistufigen Aufbau des Registrierungsdossiers:

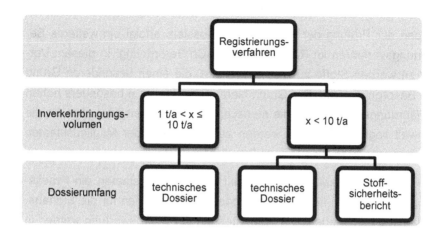

Abbildung 5.15: Registrierungsdossier unter REACh

Nach erfolgter Registrierung hat der Hersteller oder Importeur einer Chemikalie die EChA über Änderungen in der Verarbeitung, Herstellung oder Verwendung unverzüglich zu informieren [KUHN, 2010]. Außerdem sind Risikobewertungen weiterzuführen, neue Erkenntnisse zu berücksichtigen und geeignete Risikominderungsmaßnahmen zu ergreifen. Die Stoffsicherheitsberichte sind - soweit erforderlich - auf einem aktuellen Stand zu halten.

Die Kommunikation entlang der Lieferkette wird mit dem „Safety Data Sheet (SDS)" gewährleistet. Den Arbeitgebern dient das SDS als Hauptinformationsquelle über die Gefährdungen durch einen Stoff. Es ist damit ein wichtiges Instrument des Arbeitsschutzes. Ein SDS ist zu erstellen, wenn der Stoff gefährlich, persistent oder bioakkumulierbar ist. Das SDS enthält Angaben über die richtige Lagerung, die Erste Hilfe bei Unfällen mit der Chemikalie, Maßnahmen im Brandfall oder bei Freisetzung des Stoffes, sowie Angaben bezüglich der Toxizität und zur sicheren Entsorgung des Stoffes. [TURRINI, 2011]

5.5.1.2   Das Bewertungsverfahren

Neben der Prüfung der Registrierungsdossiers erfolgt ein weiteres Bewertungsverfahren im Rahmen der REACh-Verordnung. In diesem Verfahren werden Stoffe zusätzlich evaluiert, die einen besonderen Grund zur Besorgnis geben. Der Grund hierfür kann in einem besonders hohen Gefährdungspotential für die menschliche Gesundheit oder aber für die Umwelt liegen. Die Stoffe werden auf der Ebene der Mitgliedsstaaten einer gesonderten Risikobeurteilung unterzogen.

Die EChA entwickelt zusammen mit den Mitgliedsstaaten ein Arbeitsprogramm, in dem konkrete und abgestimmte Kriterien für die Stoffauswahl hinterlegt werden. Die Prioritäten bei der Stoffbewertung werden in der Regel nach folgenden Kriterien gesetzt:

- Vorliegen von Hinweisen zu gefährlichen Eigenschaften eines Stoffes (z. B. strukturelle Ähnlichkeit zu einem persistenten oder bioakkumulierbaren Stoff),
- Informationen über Stoffexpositionen sowie
- Stoffmengen. [INGEROWSKI, 2010]

Anhand dieser Informationen stellt die EChA einen Aktionsplan zur Stoffbewertung auf. Dieser behält für drei Jahre seine Gültigkeit. Für das Jahr 2011 war der erste Aktionsplan (CoRAP: Community Rolling Action Plan) vorgesehen, der in den folgenden Jahren jährlich aktualisiert wird. Darüber hinaus können die Mitgliedsstaaten ihrerseits der EChA gegenüber Stoffe benennen, die prioritär einer Bewertung unterzogen werden sollen, obwohl sie im Aktionsplan nicht hinterlegt sind.

Die Aufsicht über den Aktionsplan hat die EChA, die eigentliche Arbeit der Bewertung wird jedoch durch die Behörden der Mitgliedsstaaten übernommen. Die Mitgliedsstaaten können aus dem Aktionsplan Stoffe auswählen und die Bewertung vornehmen. Der jeweilige Mitgliedsstaat kann diese Arbeit auch an Dritte weitergeben, die für ihn die Bewertung

dann durchführen. Wird ein Stoff durch die Mitgliedsstaaten nicht ausgewählt, sorgt die EChA für die Stoffbewertung.

Sollten mehrere Mitgliedsstaaten die Stoffbewertung eines Stoffes übernehmen wollen, versucht die EChA eine einvernehmliche Lösung her-
beizuführen. Bleibt diese aus, entscheidet die Kommission darüber, welche Behörde für die Bewertung des betroffenen Stoffes zuständig ist.

Die untersuchende Behörde muss innerhalb von zwölf Monaten ihre
Stoffbewertung abschließen und die EChA über das Ergebnis unterrich-
ten. Sollte die untersuchende Behörde zu dem Schluss kommen, dass
die eingereichten Unterlagen für einen bereits registrierten Stoff unzureichend sind, kann sie diese beim Hersteller oder Importeur nachfor-
dern. Danach erhält sie für die Durchführung der Stoffbewertung erneut
eine Frist von zwölf Monaten.

Die Erkenntnisse aus dem Bewertungsverfahren sollen auf mitglieds-
staatlicher Ebene im Rahmen des Zulassungs- bzw. Beschränkungsverfahrens sowie im Bereich der Kennzeichnung und Einstufung von
Stoffen verwendet werden. Damit ist das Bewertungsverfahren eines der
Hauptinstrumente der folgenden Maßnahmen zur Stoffregulierung [IN-
GEROWSKI, 2010]. Das staatliche Bewertungsverfahren ermöglicht also
den Erkenntnisgewinn gerade im Bereich der unteren Mengenbänder, in
denen die Anforderungen an die Daten gering sind oder aber eine Registrierungspflicht nicht besteht.

Das Bewertungsverfahren wird als Brücke zwischen der Registrierung
als Basis des REACh-Systems einerseits und den Bestimmungen zur
Zulassung und Beschränkung andererseits [SIEGEL, 2007] bezeichnet.

5.5.1.3 Das Zulassungsverfahren

Das Zulassungsverfahren gilt für besonders besorgniserregende Stoffe.
Im Rahmen der REACh-Verordnung sollen auf der einen Seite Stoffe
sicher gehandhabt werden können und besonders besorgniserregende

Stoffe durch alternative Technologien oder Chemikalien ersetzt werden (Substitution). Auf der anderen Seite soll die Funktion des Binnenmarktes nicht beeinträchtigt werden. Vielmehr ist es erklärtes Ziel, im Bereich der Stoffsubstitution wirtschaftlich und technisch tragfähige Lösungen zu entwickeln.

Zu den besonders besorgniserregenden Substanzen gehören Stoffe mit folgenden Eigenschaften:

- krebserzeugende Stoffe der Kategorie 1 und 2,
- erbgutverändernde Stoffe der Kategorie 1 und 2,
- fortpflanzungsgefährdende Stoffe der Kategorie 1 und 2,
- persistente und bioakkumulierbare Stoffe (PBT),
- sehr persistente und sehr bioakkumulative Stoffe (vPvB) sowie
- Stoffe mit vergleichbaren besorgniserregenden Eigenschaften (z. B. endokrine Substanzen).

Das Zulassungsverfahren ist ein neues Element der Stoffregulierung. In Anhang XIV der REACh-Verordnung enthält ein Verzeichnis der zulassungspflichtigen Stoffe. Ein Stoff darf ohne Zulassung nicht vermarktet oder verwendet werden, wenn er in die Liste der zulassungspflichtigen Stoffe nach Anhang XIV aufgenommen wurde. Die Kandidatenstoffe für diese Liste werden benannt und mit einem Ablaufdatum versehen. Danach bedürfen sie der Zulassung, wenn sie weiter vermarktet werden sollen. Über die Aufnahme in den Anhang XIV entscheidet nach einer Kommentierungsfrist die EU-Kommission im Komitologieverfahren. Am 17. Februar 2011 wurden die ersten sechs Stoffe in den Anhang XIV aufgenommen.

Es handelt sich um:

- 5-tert-Butyl-2,4,6-trinitro-m-xylol (Moschus-Xylol),
- 4,4'-Diaminodiphenylmethan (MDA),
- Hexabromcyclododecan (HBCDD),
- Bis(2-ethylhexyl)phthalat (DEHP),

- Benzylbutylphtalat (BBP) und
- Dibutylphthalat (DBP).

Die letzte Änderung der Liste durch Verordnung (EU) Nr. 895/2014 erfolgte am 14. August 2014. Sie umfasst seitdem 31 Einträge.

Nach dem jeweiligen Ablaufdatum darf ein Stoff aus dem Anhang XIV nur noch mit Zulassung in Verkehr gebracht oder verwendet werden. Ein Antrag auf Zulassung muss mindestens 18 Monate vor dem Ablauftermin gestellt werden. Nur wenn ein solcher Antrag fristgemäß eingereicht wird, besteht die Möglichkeit, den zulassungspflichtigen Stoff auch nach Ablauf der Frist weiterhin zu verwenden oder in Verkehr zu bringen. Der Antrag kann durch Hersteller, Importeure sowie nachgeschaltete Anwender bei der EChA erfolgen. Die Entscheidung über eine etwaige Zulassung des Stoffes wird von der EU-Kommission getroffen.

Die Zulassung wird im Einzelfall für eine oder mehrere konkrete Verwendungen erteilt. Weiterhin kann der Zulassungsbescheid Auflagen z. B. bezüglich der Überwachung des betroffenen Stoffes enthalten. Darüber hinaus erfolgt die Zulassung nur befristet. Spätestens 18 Monate vor Ablauf der Überprüfungsfrist muss ein Überprüfungsbericht vorgelegt werden. Unabhängig hiervon kann die EU-Kommission jederzeit eine Überprüfung der Zulassung einfordern und die Zulassung in der Folge widerrufen.

Ist die Zulassung eines Stoffes erfolgt, wird eine Zulassungsnummer vergeben. Diese wird öffentlich zugänglich gemacht und enthält die erlaubten Anwendungen. Nachgeschaltete Anwender, die Stoffe im Rahmen einer bereits zugelassenen Anwendung einsetzen, unterliegen einer Mitteilungspflicht gegenüber der EChA.

Soll ein Stoff in das Verzeichnis der zulassungspflichtigen Stoffe aufgenommen werden, wird außerdem festgelegt, welche Verwendungen oder Herstellungsprozesse von der Zulassungspflicht ausgenommen werden können. In solch einem Fall entfällt die Zulassungspflicht. Der Verordnungsgeber geht also davon aus, dass ein umfassender Schutz vor stofflichen Risiken nur durch die Einschränkung von Produktion und Gebrauch erreicht werden kann [INGEROWSKI, 2010].

Die Zulassung ist zu erteilen, wenn das Unternehmen nachweisen kann, dass die stofflichen Risiken bei der beantragten Verwendung ausreichend beherrscht werden können. Auch wenn dieser Nachweis nicht erbracht werden kann, ist in Ausnahmefällen die Erteilung einer Zulassung möglich. Hierfür muss eine Abwägung erfolgen, wie hoch das Stoffrisiko ist und welcher sozioökonomische Nutzen mit der Verwendung einer geht. Darüber hinaus ist zu prüfen, ob geeignete Ersatzstoffe zur Verfügung stehen.

Abbildung 5.16 zeigt ein Schema des Ablaufes des Zulassungsverfahrens:

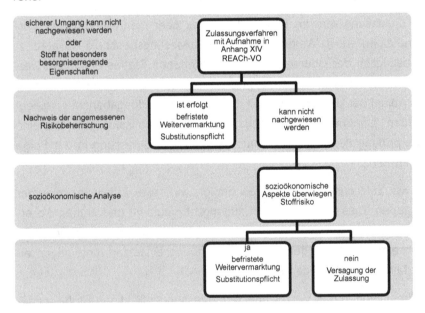

Abbildung 5.16: Darstellung des Ablaufs des Zulassungsverfahrens

Bisher galt die Zulassungspflicht nur für besondere Chemikalien, für die spezielle Rechtsvorschriften galten, so z. B. für Arzneimittel oder Pestizide. Der Wirkungsbereich der Chemikalienregulierung wird also mit der Neuregelung ausgedehnt. Damit ist das Zulassungsverfahren als Instrument ein vorsorgendes Verfahren des Umwelt- und Gesundheitsschutzes für Neustoffe. Juristisch ist es als präventives Verbot mit Erlaubnisvorbehalt zu werten [SIEGEL, 2007]. Für Altstoffe wiederum ist das Zulassungsverfahren ein Verfahren der nachträglichen Stoffkontrolle, weil die Stoffe zuvor frei und uneingeschränkt verwendbar waren [INGEROWSKI, 2010].

Die Entscheidung wird im Komitologieverfahren getroffen. Hierunter versteht man die Entscheidungsfindung durch ein System von Expertenausschüssen innerhalb der EU. So erlassen die Komitologieausschüsse beispielsweise die Durchführungsbestimmungen von EU-Rechtsakten [RAT DER EU, 1999]. Nach dem Vertrag von Lissabon wurde das Instrument der Komitologie reformiert und an die geänderten Strukturen angepasst. Die Anpassung erfolgte dabei insbesondere an die gewachsene Rolle des Europäischen Parlaments [SCHUSTERSCHITZ, 2006].

5.5.1.4 Das Stoffbeschränkungs- bzw. Stoffverbotsverfahren

Das Stoffbeschränkungs- bzw. Stoffverbotsverfahren kann im Rahmen der REACh-Verordnung beschritten werden, um die Herstellung, das Inverkehrbringen oder die Verwendung eines bestimmten Stoffes im Hoheitsgebiet der EU zu regulieren. Dem Stoff muss dabei ein unannehmbares Risiko für die menschliche Gesundheit oder aber für die Umwelt innewohnen. In diesem Zusammenhang können einzelne Verwendungen oder aber der Stoff an sich verboten werden. Dabei ist das Beschränkungsverfahren als eine Art „Sicherheitsnetz" [HANSMANN, 2007] gedacht, das zur Beherrschung von Risiken genutzt wird, die von den anderen REACh-Instrumenten nicht erfasst werden. Dabei ist es unerheblich, ob der Stoff in Reinform, in einer Zubereitung oder in einem Erzeugnis auftritt. Auch im Rahmen des Beschränkungsverfahrens ist der sozioökonomische Nutzen des Stoffes zu ermitteln.

Im Altrecht bestand die Möglichkeit der Beschränkung ebenfalls. Es musste aber ein vollständiges Rechtssetzungsverfahren durchlaufen werden, auf das wegen des damit verbundenen Aufwands und der Zeitintensität in der Regel verzichtet wurde. Für das Beschränkungsverfahren nach altem Recht war wesentlich, dass ausdrücklich alle Verwendungen eines Beschränkungen unterliegenden Stoffes erlaubt sind, die nicht im Rahmen der Beschränkung untersagt wurden. Etwaige Regelungen im Bereich der Zulassung oder anderen gemeinschaftlichen oder einzelstaatlichen Rechtsvorschriften sind darüber hinaus zu beachten. Eine doppelte Berücksichtigung ein und desselben Stoffes mit derselben Verwendung im Zulassungs- und Beschränkungsverfahren ist nicht erwünscht. Ein Stoff, der in Anhang XIV aufgenommen wurde, soll keinen weiteren Beschränkungen unterliegen. [INGEROWSKI, 2010]

Eine Mengenschwelle für die Beschränkung von Stoffen existiert nicht. Auf Betreiben der Mitgliedsstaaten oder der EChA im Auftrag der EU-Kommission, können Vorschläge für Beschränkungen in Form von Dossiers nach Anhang XV ausgearbeitet werden. In einem solchen Dossier ist der Nachweis zu führen, dass dem Stoff ein Risiko für die menschliche Gesundheit oder für die Umwelt innewohnt, das auf Gemeinschaftsebene behandelt werden muss. Zusätzlich sind die Risikominderungsmaßnahmen zu benennen, die die größtmögliche Aussicht auf Erfolg erwarten lassen.

Im Verlauf des Beschränkungsverfahrens erhalten interessierte Kreise die Möglichkeit zur Äußerung. Die EChA veröffentlicht die Meldungen zu jeder vorgeschlagenen Beschränkung. Der Entscheidungsprozess kann aber nicht beliebig in die Länge gezogen werden. Für das Verfahren sind bestimmte Fristen vorgesehen, um das Beschränkungsverfahren in einem angemessenen Zeitraum durchlaufen zu können.

Durch die fehlende Einbeziehung der politischen Ebene wird das Verfahren enorm gestrafft. Die vormals nur schwer erzielbare Einigung am politischen Verhandlungstisch entfällt und kann rein auf (natur-) wissenschaftlicher Basis erfolgen. Die Entscheidungen gelten unmittelbar im Hoheitsbereich der EU und müssen nicht in nationales Recht umgesetzt werden. Im Bedarfsfall kann damit „so rasch wie möglich reagiert werden" [CALLIES/LAIS, 2005].

Der Anhang XVII der REACh-Verordnung enthält alle Stoffe, die Beschränkungen unterliegen. Auch die fraglichen Verwendungen sind hier erfasst. Im Rahmen der Genese von REACh wurde die „Richtlinie des Rates vom 27. Juli 1976 zur Angleichung der Rechts- und Verwaltungsvorschriften der Mitgliedstaaten für Beschränkungen des Inverkehrbringens und der Verwendung gewisser gefährlicher Stoffe und Zubereitungen (76/769/EWG)" in die REACh-Verordnung übernommen. Die Richtlinie RL 76/769/EWG regelte das Verbot von Asbest und die eingeschränkte Verwendung bestimmter Azofarbstoffe.

Eine Beschränkungsanordnung kann sowohl von der EU-Kommission als auch von einem Mitgliedsstaat beantragt werden. Der Mitgliedsstaat muss hierfür ein nach Anhang XV vollständiges Dossier einreichen. Die Prüfung auf Vollständigkeit erfolgt durch die Ausschüsse für Risikobeurteilung und sozioökonomische Analyse. Ist das Dossier vollständig oder erfolgte der Vorschlag durch die EU-Kommission, werden die Dossiers auf der Homepage der EChA veröffentlicht und eine Stellungnahme Dritter ist möglich. Parallel zu diesem Verfahren holt die EU-Kommission die Stellungnahme der Ausschüsse für Risikobeurteilung und sozioökonomische Analyse ein. Anhand der Stellungnahmen der Ausschüsse und Dritter erstellt die EU-Kommission einen Entwurf zur Änderung des Anhangs XVII. Die letztendliche Entscheidung über die Beschränkungsanordnung wird im Komitologieverfahren getroffen, dem sogenannten „Regelungsverfahren mit Kontrolle" (vgl. Kapitel 5.5.1.3). [INGE-ROWSKI, 2010]

Abbildung 5.17 zeigt den Ablauf des Verfahrens der Stoffbeschränkung nach den Vorgaben der REACh-Verordnung:

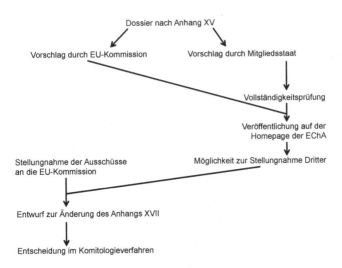

Abbildung 5.17: Darstellung des Verfahrens der Stoffbeschränkung nach der REACh-Verordnung

5.5.1.5 Ziele der REACh-Verordnung und Instrumente zur Zielerreichung

Mit der Neufassung der Chemikalienregulierung durch die REACh-Verordnung verfolgte die EU eine Reihe politischer Absichten. Diese sind im AEUV, insbesondere in Artikel 114 AEUV, niedergelegt und finden sich sowohl im Text der REACh-Verordnung selbst als auch in ihrer amtlichen Begründung.

Das Kernziel der Verordnung ist die Förderung der nachhaltigen Entwicklung. Zu dieser Entwicklung soll auf der einen Seite ein hohes Schutzniveau für die menschliche Gesundheit und die Umwelt beitragen. Hierfür soll besonderes Augenmerk auf die Entwicklung alternativer Prüf- und Beurteilungsverfahren für die Substanzbewertung chemischer Stoffe gelegt werden. Auf der anderen Seite soll der Binnenmarkt und damit der freie Warenverkehr gewährleistet und die Wettbewerbsfähigkeit der Industrie weiter verbessert werden. Darüber hinaus ist es Ziel der Chemikalienpolitik auf Gemeinschaftsebene, die Innovationsbereitschaft und

-fähigkeit zu fördern [NORDBECK/FAUST, 2002]. Im Weißbuch der EU-Kommission - dem Konzept zur Chemikalienregulierung vor der REACh-Verordnung - wird explizit darauf hingewiesen, dass gesetzliche Regelungen ein wichtiges Instrument dafür sind, das Innovationsverhalten der Unternehmen der chemischen Industrie zu beeinflussen [EU-KOMMISSION, 2001].

Ziel der Chemikalienregulierung ist aus Sicht der Kommission also nicht nur die Erfüllung der Schutzziele, sondern auch die Motivationshilfe für technische Innovationen zur Expositionsreduzierung und für die Entwicklung sicherer Stoffe [KUHN, 2010]. Die EU-Kommission geht davon aus, dass das neue System mit den Elementen Registrierung, Bewertung, Zulassung und Beschränkung von Chemikalien sich als ein gutes Beispiel für innovationsfreundliche Umweltregulierung darstellt. Damit sollen sich insbesondere im Vergleich mit den Vereinigten Staaten von Amerika und mit Japan Wettbewerbsvorteile erzielen lassen. Im Folgenden werden die einzelnen Ziele der REACh-Verordnung anhand des Verordnungstextes analysiert.

5.5.1.5.1 Sicherstellung eines hohen Schutzniveaus für die menschliche Gesundheit und die Umwelt

Die Trennung des Regelungsregimes in Altstoffsystem und Neustoffsystem war im alten Recht unzureichend und stand einer wirksamen Chemikalienregulierung entgegen. Die Auflösung dieser Struktur aus dem Altrecht stellte daher eine wichtige Maßnahme zur Herstellung eines hohen Schutzniveaus für die menschliche Gesundheit und die Umwelt dar. Mit Inkrafttreten der REACh-Verordnung mussten die rund 30.000 zu dieser Zeit verwendeten registrierungspflichtigen Substanzen in einer Übergangsphase von elf Jahren registriert werden. Mit dieser Maßnahme sollten Informationslücken im Bereich der Altstoffregulierung geschlossen und geeignete Maßnahmen im Bereich des Risikomanagements festgelegt werden. Durch die Durchführung dieser Maßnahmen soll eine sichere Verwendung dieser Chemikalien ermöglicht werden. Die Aufgaben der einzelnen Akteure (Hersteller, Importeur und nachgeschalteter Anwender) umfassen dabei die Akquise und die Bereitstellung der erforderlichen Daten und die Ermittlung geeigneter Maßnahmen zum Risikomanagement. Hiermit soll sichergestellt werden, dass die betroffenen Unternehmen die Chemikalien, die sie herstellen, importieren oder verwenden, mit einem geeigneten Maß an Verantwortung und Sorgfalt behandeln. Zielstellung ist es, die menschliche Gesundheit und die Umwelt unter vernünftigerweise vorhersehbarer Verwendung der betroffenen Chemikalie vor Schädigungen zu bewahren.

Bei der Verwendung besonders besorgniserregender Substanzen sieht die REACh-Verordnung ein Zulassungsverfahren vor (vgl. Kapitel 5.5.1.3). Damit wird ein weiteres Ziel zur Verbesserung der Chemikaliensicherheit mit der Straffung von Verbots- und Beschränkungsverfahren erreicht. Unter dem REACh-Regime sind diese Verfahren schneller möglich, wenn unverhältnismäßig hohe Risiken festgestellt werden. Darüber hinaus soll im Rahmen der Prüfpflichten auf die Durchführung von Tierversuchen möglichst verzichtet werden. Diese sind auf ein Mindestmaß zu reduzieren. Darüber hinaus soll die Forschung auf dem Gebiet der Alternativverfahren vorangetrieben werden. Die Unternehmen müssen im Rahmen der REACh-Verordnung weitgehende Prüfpflichten erfüllen und Informationen akquirieren. Diese werden zwischen den einzelnen Unternehmen ausgetauscht und werden auch an den Endverbraucher weiter durchgereicht.

Das Europäische Parlament ist Hauptakteur bei der Forcierung der Substitution hochgefährlicher Substanzen [KOCH/MONßEN, 2006]. Die Stoffsubstitution bietet eine weitere Möglichkeit, dem Ziel des hohen Schutzniveaus für den Menschen und die Umwelt näher zu kommen. Hochgefährliche Substanzen sollen durch weniger gefährliche Substanzen oder aber durch weniger gefährliche Technologien ersetzt werden. Stehen geeignete, wirtschaftlich und technisch ausgereifte Alternativen zur Verfügung, sind diese zu nutzen. Reicht ein Unternehmen einen Zulassungsantrag für die Verwendung eines besonders besorgniserregenden Stoffes ein, hat es im Vorfeld eine Analyse durchführen, die die möglichen Alternativen inklusive einer Risikobeurteilung bei der Verwendung dieser Alternative aufzeigt. Darüber hinaus ist die technische und wirtschaftliche Durchführbarkeit der Substitution zu überprüfen.

5.5.1.5.2 Verbesserung der Wettbewerbsfähigkeit der chemischen Industrie

Die Entwicklung sicherer Chemikalien ist als ein großer Wettbewerbsvorteil anzusehen. Darum gilt es, die Wettbewerbs- und Innovationsfähigkeit der chemischen Industrie politisch in Hinblick auf diese Entwicklung zu fördern. Der dem REACh-Regime zu Grunde liegende Zeitplan für die Einreichung der Prüfdaten wurde im Vorfeld abgestimmt und berücksichtigte ebenfalls die zur Verfügung stehenden und für die Datenakquise erforderlichen Ressourcen. Damit sollte eine schnellstmögliche Einreichung der Prüfdaten erreicht werden, ohne die zur Einreichung der Unterlagen verpflichteten Akteure zu überlasten.

Durch die Erhöhung der Schwellenwerte für die Registrierungspflicht und die flexibilisierten Anforderungen an den Datenumfang ist der finanzielle und der personelle Aufwand für die Unternehmen auf ein Mindestmaß beschränkt worden. Damit auch die kleinen und mittleren Unternehmen (KMU) wettbewerbsfähig bleiben, wurden im Titel III der REACh-Verordnung Vorkehrungen für die gemeinsame Erstellung und Nutzung von Daten durch die Registranten getroffen. Damit soll auch erreicht werden, dass die Verordnung so effizient wie möglich umgesetzt wird.

Im Rahmen der sozioökonomischen Analyse im Zusammenhang mit dem Zulassungsantrag oder im Zusammenhang mit einer vorgeschlagenen Beschränkung können nun die weitreichenden Konsequenzen für den Handel, den Wettbewerb und die wirtschaftliche Entwicklung bei der

Erteilung oder der Verweigerung der Zulassung oder einer vorgeschlagenen Beschränkung abgeschätzt werden.

Zur Förderung der Innovationsfreudigkeit der Unternehmen sollen nach Artikel 9 der REACh-Verordnung im Bereich der produkt- und verfahrensorientierten Forschung und Entwicklung (FuE) in diesem Bereich neu entwickelte Chemikalien für eine gewisse Zeit von der Registrierungspflicht ausgenommen werden. Analog zu dieser Ausnahme existiert ebenfalls eine Ausnahmeregelung für nachgeschaltete Anwender, die eine neu entwickelte Chemikalie für die produkt- und verfahrenstechnische FuE verwenden. Für eine entsprechende Ausnahme muss aber sichergestellt sein, dass das Risiko für die menschliche Gesundheit und die Umwelt gemäß den Anforderungen der Rechtsvorschriften über den Arbeits- und den Umweltschutz beherrscht werden kann.

5.5.1.5.3 Freier Warenverkehr für Substanzen auf dem gemeinsamen Binnenmarkt

Die Schaffung und Aufrechterhaltung eines europäischen Binnenmarkts war eine der ersten Ideen während der europäischen Einigung. Die Funktion des gemeinsamen Binnenmarkts hängt aber stark davon ab, wie weit sich die Anforderungen der einzelnen Mitgliedsstaaten voneinander unterscheiden.

Die REACh-Verordnung soll auf dem Gebiet der Chemikalienregulierung einen in allen Mitgliedsstaaten einheitlich gültigen Rechtsrahmen festlegen. Artikel 128 Abs. 1 REACh-Verordnung sieht vor, dass registrierte Substanzen im gesamten Binnenmarkt frei gehandelt werden dürfen (freier Warenverkehr).

Durch die neue Rolle der EU-Kommission als zentrale Bewilligungsstelle bei allen Verfahren unter REACh besteht nunmehr die Möglichkeit, den freien Warenverkehr innerhalb der EU tatsächlich zu realisieren. Neben den Regelungen für die Herstellung, das Inverkehrbringen und die Verwendung von Chemikalien wurden außerdem einheitliche Regelungen für die Einstufung und Kennzeichnung von Chemikalien als solche oder aber in Zubereitungen geschaffen. Diese Regelungen gehören zwar nicht direkt zur REACh-Verordnung, sind aber aufgrund der inhaltlichen Nähe mit zur neuen Chemikalienregulierung zu zählen. Die Regelungen finden sich in Verordnung (EG) Nr. 1272/2008 oder auch der so genannten CLP-Verordnung (Regulation on Classification, Labelling and Packaging of Substances and Mixtures). CLP steht für die Einstufung, Kennzeichnung und Verpackung von Soffen und Gemischen.

Als Anwendungsbeispiel wird die Anwendung von „SusDec" im Rahmen des Zulassungsverfahrens unter dem Regelungsregime der Verordnung Nr. 1907/2006 der EU gewählt. Die Verordnung ist besser unter dem Namen REACh-Verordnung bekannt. REACh bedeutet soviel wie Registrierung, Evaluierung, Zulassung und Beschränkung von Chemikalien. Ziel der REACh-Verordnung ist die Sicherstellung eines hohen Schutzniveaus von Umwelt und menschlicher Gesundheit, die Schaffung und Verbesserung eines einheitlichen Binnenmarktes, die Förderung der Wettbewerbsfähigkeit der chemischen Industrie sowie die Förderung der nachhaltigen Entwicklung.

Die Verordnung enthält die Neuordnung des Chemikalienrechts. Möchte ein Wirtschaftsakteur auf dem Binnenmarkt Stoffe vermarkten, muss er Stoffdaten einreichen, auf deren Basis eine Bewertung des Stoffes vorgenommen werden kann. Mit diesen Daten kann eine Registrierung des Stoffes erfolgen. Im Rahmen der Evaluierung werden die eingereichten Registrierungsdossiers durch staatliche Aufsichtsbehörden bewertet. Das Zulassungsverfahren wird für besonders besorgniserregende Stoffe beschritten. Dazu gehören Stoffe mit folgenden Eigenschaften:

- Stoffe, die als krebserzeugend, erbgutverändernd oder fortpflanzungsgefährdend der Kategorie 1 und 2 eingestuft sind (so genannte CMR-Stoffe),

- persistente bzw. bioakkumulierbare Stoffe mit toxischen Eigenschaften oder hochpersistente bzw. hoch bioakkumulierbare Stoffe (so genannte PBT- bzw. vPvB- Stoffe) oder
- im Einzelfall ermittelte Stoffe mit besonders besorgniserregenden Eigenschaften (z.B. endokrin wirkende Stoffe).

Im Rahmen des Zulassungsverfahrens kann die Zulassung besonders besorgniserregender Substanzen z. B. aus sozioökonomischen Gründen beantragt werden. Über eine Zulassung aus sozioökonomischen Gründen würde der Ausschuss für sozioökonomische Analysen, der die Interessen aller Mitgliedsstaaten vertritt, entscheiden. Darüber hinaus gibt es im Rahmen der Zulassung mit der Substitution ein besonderes Instrument. Das Substitutionsprinzip gilt vorrangig vor einer Zulassung aus sozioökonomischen Gründen. Im Einzelfall können einzelne Verwendungen oder alle Verwendungen eines Stoffes beschränkt werden.

Um die Anwendbarkeit von „SusDec" zu zeigen, wird ein Anwendungsbeispiel benötigt. Hierfür bietet sich die Substitutionsentscheidung im Zulassungsverfahren aus den in der Folge dargelegten Gründen an.

Substitution bedeutet Ersatz eines gefährlichen Stoffes durch einen weniger gefährlichen. Die Gefährlichkeitsmerkmale ergeben sich aus der Verordnung Nr. 1272/2008 (CLP-Verordnung). Die Entscheidung basiert dabei ausschließlich auf Gesichtspunkten der (Öko-)Toxikologie. Im Rahmen der REACh-Verordnung werden Nachhaltigkeitsaspekte nicht berücksichtigt. Im schlimmsten Fall wird also bei der Entscheidung nach ausschließlich (öko-)toxikologischen Gesichtspunkten ein weniger gefährlicher Stoff gefunden, der aber eine wesentlich größere negative Auswirkung auf die nachhaltige Entwicklung hat als der zu ersetzende Stoff. Damit wird das eigentliche Ziel der REACh-Verordnung nicht erreicht!

Die Anwendung von „SusDec" im Rahmen der Substitutionsentscheidung ermöglicht den Vergleich des Produktsystems des Ausgangsstoffes mit dem Produktsystem des Substitutionskandidaten aufgrund von Nachhaltigkeitsgesichtspunkten. Bei signifikanten Unterschieden zum Vorteil für das Produktsystem des Ausgangsstoffes unterbleibt die Substitution. Bei signifikanten Unterschieden zum Vorteil für das Produktsystem des Substitutionskandidaten wird die Substitution durchgeführt. Werden keine signifikanten Unterschiede ermittelt, kann die Substitution unterbleiben. Gegebenenfalls kann eine Substitution beispielsweise aus betriebswirtschaftlichen Gründen trotzdem sinnvoll sein. Hier obliegt es der entscheidenden Institution, sich ggf. unter Hinzuziehung sonstiger Entscheidungsgründe für oder gegen eine Stoffsubstitution auszusprechen. Im Einzelfall können gute Gründe für die Substitution sprechen, dann sollte sie im Einzelfall auch durchgeführt werden.

Mit einer Substitutionsentscheidung unter Nachhaltigkeitsgesichtspunkten könnte das eigentliche Ziel der REACh-Verordnung dann auch erreicht werden. Wird das Substitutionsprodukt unter diesen Gesichtspunkten geprüft, kann ein tatsächlicher Beitrag zum Umweltschutz und zur nachhaltigen Entwicklung erbracht werden.

Nun gibt es zwei Möglichkeiten bei einer erfolgten Substitutionsentscheidung:

1. Der substituierte Stoff hat im Vergleich zum Ausgangsstoff bessere toxikologische und bessere Eigenschaften nach Nachhaltigkeitsgesichtspunkten.
2. Der substituierte Stoff hat im Vergleich zum Ausgangsstoff bessere toxikologische, aber schlechtere Eigenschaften nach Nachhaltigkeitsgesichtspunkten.

Aus Sicht des Autors muss die zweite Variante unter allen Umständen verhindert werden. Eine solche Substitutionsentscheidung wäre aus ökologischen und aus Gründen der Nachhaltigkeit nicht nachvollziehbar. „SusDec" bietet die Möglichkeit des Vergleiches von Produktsystemen aufgrund von Nachhaltigkeitsgesichtspunkten. Die Nutzbarkeit von

„SusDec" ist anhand eines Beispiels bei der Substitution chemischer Substanzen zu untersuchen. Als Beispiel hierfür soll die Substitution von Phenolphthalein durch Thymolphthalein herangezogen werden.

Die Chemikalie Phenolphthalein steht im Anhang XIV REACh-Verordnung als Kandidat für das Zulassungsverfahren. Bekannt als Indikator für den pH-Wert, wurde es im Jahr 2009 als krebserzeugend (EU-K2), sowie möglicherweise mutagen (EU-M3) und reproduktionstoxisch (EU-RF3) eingestuft. Das Molekül kann gegen das als nicht als Gefahrstoff eingestufte Thymolphthalein substituiert werden. Der Umschlagsbereich ist fast gleich, das Substitut hat aber einen dreifach höheren Preis. [FU BERLIN, 2012]

Aufgrund der Alkylseitenketten, die das KMR-Potential verringern, gilt das Substitut aus toxikologischer Sicht als weniger gefährlich und würde nach REACh-Verordnung also als Substitut infrage kommen. Einige relevante Angaben über die beiden Stoffe können Abbildung 5.18 entnommen werden.

Aufgrund der Alkylseitenketten, die das KMR-Potential verringern, gilt das Substitut aus toxikologischer Sicht als weniger gefährlich und würde nach REACh-Verordnung also als Substitut infrage kommen. Einige relevante Angaben über die beiden Stoffe können Abbildung 5.18 entnommen werden:

Trivialname	Phenolphthalein	Thymolphthalein
weitere Bezeichnungen	3,3-Bis(4-hydroxyphenyl)phthalid	3,3-Bis(4-hydroxy-5-isopropyl-2-methylphenyl)-1(3H)-isobenzofuranon
	3,3-Bis(4-hydroxyphenyl)-1(3H)-isobenzofuranon	5',5"-Diisopropyl-2',2"-dimethylphenolphthalein
CAS-Nr.	77-09-8	125-20-2
Aggregatzustand	fest	fest
Farbe	weiß	weiß
Geruch	schwach	schwach
Chemische Charakterisierung	Brennbarer Feststoff.	Brennbarer Feststoff.
	Praktisch unlöslich in Wasser.	Fast unlöslich in Wasser.
	Von dem Stoff gehen akute oder chronische Gesundheitsgefahren aus.	
Molmasse	318,32 g/mol	430,55 g/mol
Schmelzpunkt	258 ... 262 °C	253 °C
Dichte	1,300 g/cm³	
Verwendung	Synthesechemikalie	Chemische Analytik
GHS-Einstufung und Kennzeichnung		
Einstufung	Karzinogenität, Kategorie 1B; H350	keine Einstufung
	Keimzellmutagenität, Kategorie 2; H341	
	Reproduktionstoxizität, Kategorie 2; H361f	
Gefahrenhinweise - H-Sätze	H350: Kann Krebs erzeugen.	Keine Hinweise
	H341: Kann vermutlich genetische Defekte verursachen.	
	H361f: Kann vermutlich die Fruchtbarkeit beeinträchtigen.	
Sicherheitshinweise - P-Sätze:	P201: Vor Gebrauch besondere Anweisungen einholen.	Keine Hinweise
	P281: Vorgeschriebene persönliche Schutzausrüstung verwenden.	
	P308+P313: Bei Exposition oder falls betroffen: Ärztlichen Rat einholen/ärztliche Hilfe hinzuziehen.	
REACh-Verordnung	Stoff ist in der REACh-Kandidatenliste der besonders besorgniserregenden Stoffe aufgeführt.	Keine Zuordnung

Abbildung 5.18: Auswahl von Stoffeigenschaften des Ausgangsstoffes Phenolphthalein und des Substitutionskandidaten Thymolphthalein

Die Angaben wurden der Internetpräsenz der Firma Merck KGaA entnommen: www.merck-chemicals.com (Zugriff: 17.11.2013).

5.5.2 Definition von Untersuchungsrahmen und Ziel der Untersuchung

Das Ziel der Untersuchung ist die Analyse, die Bewertung und der lebenszyklusbezogene Vergleich der Produktsysteme der Chemikalien Phenolphthalein und Thymolphthalein in Hinblick auf ökologische, ökonomische und soziale Aspekte im Rahmen einer Nachhaltigkeitsanalyse. Dabei soll untersucht werden, welches der beiden Produktsysteme aus ökologischer, ökonomischer und sozialer Sicht das bessere - also das nachhaltigere - ist. Im Rahmen der Substitutionsentscheidung unter REACh wird damit auch dem Nachhaltigkeitsgedanken Rechnung getragen. Die Entscheidung steht so auf einer soliden, breiten Basis.

Eine solche Analyse unter Gesichtspunkten der Nachhaltigkeit ist bisher nicht erfolgt, obwohl Kernziel der REACh-Verordnung die Förderung der nachhaltigen Entwicklung ist.

Der Untersuchungsrahmen besteht aus folgenden Aspekten:

- Untersuchungsgegenstand
- Systemgrenzen, Annahmen und Einschränkungen
- Modellierungs- und Berechnungsverfahren
- Datenqualität

5.5.2.1 Untersuchungsgegenstand

Wie schon erwähnt, ist die Analyse, die Bewertung und der lebenszyklusbezogene Vergleich der Produktsysteme der Chemikalien Phenolphthalein und Thymolphthalein das Ziel der Untersuchung. Um die Vergleichbarkeit der beiden Produktsysteme herzustellen, ist es notwendig, dass die Funktion der Chemikalien genau definiert ist.

Im konkreten Fall stellt die Fa. A in Deutschland das Phenolphthalein und die Fa. B in Frankreich das Thymolphthalein her. Die funktionelle Einheit ist in beiden Fällen die Durchführung von 100 pH-Wert-Bestimmungen. Für die Durchführung von 100 pH-Wert-Bestimmungen ist ein bestimmtes Volumen bzw. eine bestimmte Stoffmenge erforderlich.

Die Definition des Untersuchungsgegenstandes - und damit der funktionellen Einheit - kann von Anwendungsfall zu Anwendungsfall stark variieren.

5.5.2.2 Systemgrenzen, Annahmen und Einschränkungen

Für die beiden Produktsysteme werden die erforderlichen Aufwendungen für Materialien, Energie und Finanzen sowie die sozialen Aspekte entlang des Lebensweges erfasst. Der Lebensweg besteht aus den Phasen Herstellung, Nutzung und Entsorgung. Auch die Aufwendungen für Infrastruktur und Transport werden nach Möglichkeit erfasst und finden bei der Untersuchung und Bewertung der Nachhaltigkeit Berücksichtigung.

5.5.2.3 Modellierungs- und Berechnungsverfahren

Eine vorhandene Software existiert für das Modell „SusDec" nicht. Aus diesem Grund wurden die erhobenen Daten in einer Tabellenkalkulation unter MS Excel eingespielt, zu einem Resultat berechnet, ausgewertet, zusammengefasst und visualisiert. Das Set an Nachhaltigkeitsindikatoren ist ebenfalls in keiner der üblichen Datenbanken hinterlegt.

5.5.2.4 Datenqualität

Die Methode „SusDec" ist so gestaltet, dass die Daten dem jeweilig betroffenen Unternehmen zur Verfügung stehen und deshalb mit wenig Aufwand erhoben und eingesetzt werden können. Das betroffene Unternehmen wacht über die Datenqualität der erhobenen Daten. Im vorliegenden Beispiel standen keine Kooperationspartner zur Verfügung. Die Daten sind daher konstruiert. Für eine derartige vergleichende Analyse ist das Vorgehen ausreichend.

Mit den Anführungen in Abschnitt 5.5.2 und seinen Unterpunkten wurde das Anwendungsbeispiel vorgestellt und entsprechende Ausführungen zur konkreten Anwendung der Methode „SusDec" wurden gemacht. Im nächsten Kapitel werden die bei der Anwendung der entwickelten Methode ermittelten Ergebnisse vorgestellt.

6 Ergebnisse

Nun müssen die folgenden Schritte - wie bereits beschrieben - durchgeführt werden:

- Ermittlung von Indikatorergebnissen
- Ermittlung der Mehrbelastungen
- Priorisierung
- Ableitung von Handlungsstrategien aus den Resultaten

Die Schutzgüter und betrachteten Indikatoren sind durch „SusDec" bereits formuliert. Die lebenszyklusbasierte Analyse von „SusDec", die an die Methode der LCSA angelehnt ist, liefert mit dieser Auswahl an Schutzgütern und Nachhaltigkeitsindikatoren eine Möglichkeit zur Analyse, Bewertung und zum Vergleich der Nachhaltigkeit von Produktsystemen für Chemikalien.

Die Indikatorergebnisse lassen sich als Hersteller, Produzent oder Importeur über die eigenen oder die Daten des Geschäftspartners ermitteln. Die Einheiten der Daten ergeben sich aus den Definitionen der einzelnen Indikatoren aus dem vorherigen Kapitel. Hieraus ergeben sich folgende Ergebnisse für die Indikatoren siehe Abbildungen 6.1 und 6.2:

Indikator	Ergebnis PS$_{Phenolphtalein}$	Ergebnis PS$_{Thymolphthalein}$	Einheit
Krankheitstage durch Arbeitsunfälle	215	182	Tage
Tödliche Arbeitsunfälle	1	2	-
Berufskrankheiten	10	12	-
Produktion und Verwendung gefährlicher Stoffe	75.000	132.000	mol
Aufwendungen für betriebliche Gesundheitsförderung*	525.000	1.200.000	EUR
Vorzeitige Sterblichkeit	0,15	0,14	Pro 1.000 Beschäftigte
Tatsächliche Arbeitszeit	45	49	Stunden/Woche
Emissionen von Säurebildnern, Kondensationskernen für Feinstaub und Ozonvorläufersubstanzen	50.000	38.000	Äquivalente
Emission von Treibhausgasen	125.000	150.000	Äquivalente
Emission von Ozonbildnern	4,3	5,2	kg
Emission von besonders besorgniserregenden Stoffen (SVHC)	12,9	8,3	kg
Entstehen festen, nicht radioaktiven Abfalls	750	810	kg
Entstehen gefährlichen Abfalls	52	48	kg
Entstehen radioaktiven Abfalls	0,375	0,418	kg

Abbildung 6.1: Darstellung der Indikatorergebnisse

Indikator	Ergebnis PS_Phenolphtalein	Ergebnis PS_Thymolphthalein	Einheit
Anteil erneuerbarer Energieträger*	12,3	10,5	%
Flächenverbrauch	103	112	ha/d
Energieproduktivität*	135	128	EUR/GJ
Rohstoffproduktivität*	1350	1080	EUR/t
Anteil Ausgaben für Forschung und Entwicklung*	0,34	0,28	-
Anzahl der Patent-anmeldungen in einem definierten Zeitraum*	27	31	-
Sozialversicherungs-pflichtige Beschäftigung*	0,78	0,67	%
Einkommensentwicklung*	0,76	0,85	-
Verdienstrückstand Mann/Frau bei gleicher Tätigkeit	0,19	0,15	-
Aufwendungen für Vereinbarkeit von Beruf und Familie*	500.000	275.000	EUR

Abbildung 6.2: Darstellung der Indikatorergebnisse - Fortsetzung

Die Ermittlung der Mehrbelastungen ergibt folgendes Resultat (siehe Abbildungen 6.3 und 6.4). Mehrbelastungen für das Produktsystem Phenolphthalein werden für eine bessere Übersichtlichkeit mit einem Minuszeichen versehen:

Indikator	Mehrbelastung
Krankheitstage durch Arbeitsunfälle	-0,18
Tödliche Arbeitsunfälle	1,00
Berufskrankheiten	0,02
Produktion und Verwendung gefährlicher Stoffe	0,76
Aufwendungen für betriebliche Gesundheitsförderung*	0,56
Vorzeitige Sterblichkeit	0,07
Tatsächliche Arbeitszeit	0,09
Emissionen von Säurebildnern, Kondensationskernen für Feinstaub und Ozonvorläufersubstanzen	-0,32
Emission von Treibhausgasen	0,20
Emission von Ozonbildnern	0,21
Emission von besonders besorgniserregenden Stoffen (SVHC)	-0,55
Entstehen festen, nicht radioaktiven Abfalls	0,08
Entstehen gefährlichen Abfalls	-0,08
Entstehen radioaktiven Abfalls	0,12
Primärenergieverbrauch	0,46

Abbildung 6.3: Darstellung der Mehrbelastung

Indikator	Mehrbelastung
Flächenverbrauch	0,09
Energieproduktivität*	0,05
Rohstoffproduktivität*	0,20
Anteil Ausgaben für Forschung und Entwicklung*	0,18
Anzahl der Patentanmeldungen in einem definierten Zeitraum*	-0,13
Sozialversicherungspflichtige Beschäftigung*	0,14
Einkommensentwicklung*	-0,11
Verdienstrückstand Mann/Frau bei gleicher Tätigkeit	-0,27
Aufwendungen für Vereinbarkeit von Beruf und Familie*	0,45

Abbildung 6.4: Darstellung der Mehrbelastung - Fortsetzung

Die Priorisierung erfolgt anhand der folgenden Tabelle (siehe Tabelle
6.1). Die konkrete Bewertung der einzelnen Aspekte wird von Nutzer zu
Nutzer unterschiedlich sein und kann sich im Laufe der Zeit beispielsweise durch technischen Fortschritt oder durch die Durchführung wirk-
samer Maßnahmen verändern, sodass die vorliegende Bewertung in der
unten aufgeführten Tabelle nur zu Beispielrechnung dient und geeignet
ist.

Tabelle 6.1: Darstellung der Priorisierung der Indikatorergebnisse

Indikator	Gefährdung der menschlichen Existenz	Distance-to-Target	Spezifischer Beitrag	Priorität für die Nachhaltigkeit
Krankheitstage durch Arbeitsunfäl- le	B	B	B	Groß
Tödliche Arbeits- unfälle	B	A	B	Groß
Berufskrankheiten	B	B	B	Groß
Produktion und Verwendung gefährlicher Stoffe	B	B	C	Groß
Betriebliche Ge- sundheits- förderung	D	C	C	Mittel
Vorzeitige Sterb- lichkeit	C	C	B	Mittel
Tatsächliche Arbeitszeit	D	B	C	Mittel
Emissionen von Säurebildnern, Kondensations- kernen für Fein- staub und Ozon- vorläufer- substanzen	B	B	B	Groß

Indikator	Gefährdung der menschlichen Existenz	Distance-to-Target	Spezifischer Beitrag	Priorität für die Nachhaltigkeit
Emission von Treibhaus-gasen	B	B	B	Groß
Emission von Ozonbildnern	C	C	B	Mittel
Emission von SVHC	B	A	B	Groß
Entstehen festen, nicht radioaktiven Abfalls	D	C	C	Mittel
Entstehen gefährlichen Abfalls	C	C	B	Mittel
Entstehen radioaktiven Abfalls	B	A	B	Groß
Primär-energie-verbrauch	C	C	B	Mittel
Anteil erneu-erbarer Ener-gieträger	D	D	C	Gering
Flächen-verbrauch	D	C	D	Gering
Energie-produktivität	C	B	B	Mittel

Indikator	Gefährdung der menschlichen Existenz	Distance-to-Target	Spezifischer Beitrag	Priorität für die Nachhaltigkeit
Rohstoff-produktivität	C	B	B	Mittel
Anteil der Ausgaben für Forschung & Entwicklung	D	D	C	Gering
Anzahl der Patentanmeldungen in einem definierten Zeitraum	C	D	D	Gering
Sozialversicherungspflichtige Beschäftigung	C	B	B	Groß
Einkommensentwicklung	D	C	C	Mittel
Verdienstrückstand Mann/Frau bei gleicher Tätigkeit	C	B	B	Groß
Aufwendungen für Vereinbarkeit von Beruf und Familie	D	B	B	Mittel

Die Ergebnisse der Mehrbelastungsermittlung werden mit den Ergebnissen der Priorisierung verknüpft und je nach Priorität für die Nachhaltigkeit unter „SusDec" in den nachfolgenden Diagrammen dargestellt (siehe Abbildung 6.5, Abbildung 6.6 und Abbildung 6.7):

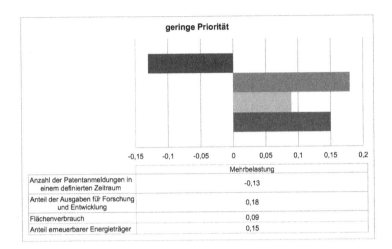

Abbildung 6.5: Resultat "geringe Priorität"

Die Untersuchung der Indikatoren mit geringer Priorität für die Nachhaltigkeit unter „SusDec" weist eine klare Mehrbelastung im Bereich des
Produktsystems Thymolphthalein auf (siehe Abbildung 6.5).

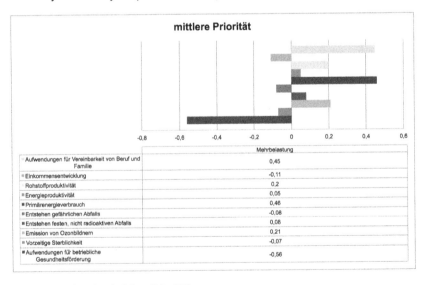

Abbildung 6.6: Resultat "mittlere Priorität"

Die Untersuchung der Indikatoren mit mittlerer Priorität für die Nachhaltigkeit unter „SusDec" zeigt eine klare Mehrbelastung im Bereich des Produktsystems Thymolphthalein (siehe Abbildung 6.6).

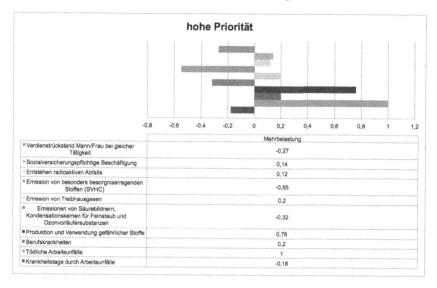

Abbildung 6.7: Resultat "hohe Priorität"

Die Untersuchung der Indikatoren mit hoher Priorität für die Nachhaltigkeit unter „SusDec" zeigt eine Mehrbelastung durch das Produktsystem Thymolphthalein (siehe Abbildung 6.7).

Aus der Untersuchung des Anwendungsbeispiels ergibt sich die Empfehlung, die Suche nach einem geeigneten Substitutionskandidaten fortzusetzen und eine Substitution des Phenolphthaleins durch Thymolphthalein nicht durchzuführen. In diesem Falle würde eine toxikologisch bessere Variante eingeführt, die aber im Vergleich zum Ausgangsstoff weniger nachhaltig ist.

Die entwickelte Methode „SusDec" wurde erfolgreich angewendet. Probleme bei der praktischen Durchführung gab es nicht. Im nächsten Kapitel müssen die erzielten Resultate aber noch auf ihre Richtigkeit hin überprüft werden. Bei der Untersuchung und Bewertung der Nachhaltigkeit von Chemikalien ist eine Methode, die ein falsches Ergebnis liefert, nicht nur nicht hilfreich, sondern überflüssig.

7 Beurteilung und Interpretation der Ergebnisse

Dieses Kapitel beschäftigt sich mit der Beurteilung und Interpretation der Ergebnisse. Darüber hinaus findet eine Fehlerbetrachtung statt. Diese ist in drei Abschnitte untergliedert.

In einem ersten Abschnitt wird die methodische Gestaltung der Methode „SusDec" kritisch hinterfragt. Im zweiten Abschnitt wird die Einhaltung der Forderungen der Idee einer nachhaltigen Entwicklung im Rahmen der Methode „SusDec" überprüft und bewertet. Im dritten Abschnitt erfolgt die Überprüfung und Bewertung, ob die erzeugte Methode aus Sicht der REACh-Verordnung und der Grünen Chemie den allgemein anerkannten Kenntnisstand widerspiegelt.

Das erste Unterkapitel wird also die methodische Gestaltung von „SusDec" prüfen und verschiedene Einzelaspekte untersuchen.

7.1 Methodische Gestaltung der Methode „SusDec"

Es wurde eine Meta-Methode zur Untersuchung und Bewertung der Nachhaltigkeit von Produktsystemen mit einem neuen Nachhaltigkeitsindikatorensystem erzeugt (SusDec). Diese Methode wurde, um ihre Praktikabilität zu zeigen, an einem Anwendungsbeispiel im Zusammenhang mit der REACh-Verordnung durchgeführt.

Für die Anwendung von „SusDec" muss die Richtigkeit der Nachhaltigkeitsberechnungen bewertet werden. Bewertung bedeutet die Einordnung eines oder mehrerer konkreter Ergebnisse in eine Werteskala. Damit besitzt die Einordnung eine subjektive Komponente [GIEGRICH, 1991]; sie ist aber nicht beliebig, sondern sie hängt ebenso von sachlichen Erwägungen ab [GIEGRICH, 1995]. Je nach Entscheidungsträger sind Ergebnisse mit großen Abweichungen untereinander denkbar.

Die ausgewählten Schutzgüter decken weite Bereiche der Nachhaltigkeit ab und ermöglichen eine ausgewogene Bewertung unterschiedlicher Aspekte. Hierzu gehören ökologische, ökonomische und soziale Aspekte, die integriert in die Analyse unter „SusDec" eingehen. Durch die Formulierung von vier Schutzgütern, neun Kategorien und 25 Indikatoren bleibt die Praktikabilität sichergestellt, ohne dass eine unzulässige Simplifizierung stattfindet. Die Nachhaltigkeit wird so nicht nur auf einige Aspekte verdichtet. Dadurch wird der Anspruch der Expertenorientierung und der wissenschaftliche Anspruch gewahrt. Die Indikatoren beziehen sich auf die hergestellte Chemikalie oder hilfsweise auf den Betriebsteil des Unternehmens, der durch die Herstellung involviert ist. Die jeweilige Zielformulierung lässt sich den umweltpolitischen, sozialpolitischen, wirtschaftspolitischen oder aber den Zielen der Nachhaltigkeitsstrategien der Bundesrepublik oder der Europäischen Union oder aber der UN entnehmen.

Der Nachweis der Richtigkeit der Nachhaltigkeitsberechnungen findet über Szenariobetrachtungen statt. Für solche Betrachtungen steht die Methode der Monte-Carlo-Simulationen zur Verfügung. Es handelt sich um ein stochastisches Verfahren zur empirischen Annäherung einer theoretischen Wahrscheinlichkeitsverteilung durch häufige Zufallsexperimente aller Einflussfaktoren [HOMMEL, 2003]. Zur Erreichung der erforderlichen Sicherheit des Ergebnisses muss eine ausreichende Anzahl von Simulationsläufen durchgeführt werden.

Für die Bewertung der Nachhaltigkeitsberechnungen werden Parameter innerhalb der Methode identifiziert, die auf ihre Sensitivität geprüft werden. Im zweiten Schritt wird eine Screening-Analyse durchgeführt. Um den Aufwand zu begrenzen, ist es notwendig, ausgewählte Parameter bereits grob zu prüfen. Für ein solches Screening ist als Messgröße ein geeigneter Indikator zu wählen, der in erster Näherung grob mit dem zu erwartenden Untersuchungsergebnis korreliert. Für Szenarien, bei denen die Screening-Analyse signifikante Einflüsse auf das Ergebnis zu erkennen gibt, sind ausführliche Szenario-Analysen auf der Grundlage von Variationen der sensitiven Randbedingungen zu erstellen.

7.1.1 Szenario 1: Mehrbelastungen

Durch die Betrachtung von Mehrbelastungen ist die Betrachtung der Eigenschaften der Nachhaltigkeitsindikatoren auf eine positive bzw. eine negative Aussage nicht notwendig. „SusDec" enthält Indikatoren, die sowohl positive Größen als auch Belastungen anzeigen und damit eine Nachhaltigkeitsrichtung angeben. Dieser Aspekt muss bei der Berechnung der Nachhaltigkeit berücksichtigt werden. Bei der Ermittlung der Mehrbelastung erfolgt dieser Schritt zu einem frühen Zeitpunkt der Methode. Damit ist die Methode „SusDec" anwenderfreundlich und die Gefahr einer fehlerhaften Berücksichtigung von Nachhaltigkeitsindikatoren wird minimiert.

7.1.2 Szenario 2: Integrativität

Die unter „SusDec" berücksichtigten Nachhaltigkeitsindikatoren werden nicht den einzelnen Dimensionen der Nachhaltigkeit zugeordnet, weil sie Aspekte aller Nachhaltigkeitsdimensionen enthalten und eine Zuordnung aus diesem Grunde nicht zweckmäßig ist. Damit folgt „SusDec" dem allgemein anerkannten Weg einer integrierenden Methode und der Ansicht, dass sich Nachhaltigkeit erst dort ergibt, wo sich ökologische, ökonomische und soziale Aspekte gleichberechtigt begegnen und Berücksichtigung finden. Das Portfolio aussagekräftiger Nachhaltigkeitsindikatoren wird dadurch größer, da keine Rücksicht darauf genommen werden muss, die Nachhaltigkeitsindikatoren einer einzigen Dimension der Nachhaltigkeit zuordnen zu müssen. Die Methode „SusDec" geht mit dieser Sichtweise einen Schritt weiter in Richtung einer nachhaltigen Entwicklung.

7.1.3 Szenario 3: Kompensationseffekte

Für die Richtigkeit der Nachhaltigkeitsberechnung muss das Auftreten von Kompensationseffekten verhindert werden. Unter „SusDec" wird das erreicht, indem die Resultate für die Mehrbelastungen im zweiten Schritt der Methode gewichtet werden und ihre Relevanz für die Nachhaltigkeit damit bestimmt wird.

Um die Auswirkungen von Kompensationseffekten zu zeigen, werden alle Indikatorergebnisse gleich gesetzt. Lediglich die Indikatoren „tödliche Arbeitsunfälle" und „tatsächliche Arbeitszeit" bleiben bestehen. Die Anzahl „tödlicher Arbeitsunfälle" ist im Produktsystem Phenolphthalein doppelt so groß wie im Produktsystem Thymolphthalein. Bei der „tatsächlichen Arbeitszeit" ist es anders herum; diese ist im Produktsystem Thymolphthalein doppelt so groß wie im Produktsystem Phenolphthalein. Auf den Schritt der Gewichtung der Mehrbelastungen wird zur Verdeutlichung der Auswirkung der Kompensationseffekte verzichtet.

Die sich aus diesen Vorgaben ergebenden Mehrbelastungen werden ermittelt. Sie betragen in den gleichgesetzten Fällen 0. Lediglich bei den Indikatoren „tödliche Arbeitsunfälle" ergibt sich eine Mehrbelastung von 2, die durch eine Mehrbelastung von -2 beim Indikator „tatsächliche Arbeitszeit" ausgeglichen wird.

Die Berechnung der Nachhaltigkeit erbringt in diesem Szenario ein klares Unentschieden. Damit gleicht sich die Mehrbelastung des einen Produktsystems mit der des anderen Produktsystems aus. Es ist aber offensichtlich, dass die Mehrbelastung durch den Indikator „tödliche Arbeitsunfälle" einen höheren nachteiligen Einfluss auf die Nachhaltigkeit hat als die Mehrbelastung durch den Indikator „tatsächliche Arbeitszeit".

Aus diesem Grund wird das Auftreten von Kompensationseffekten durch die Einführung der Wichtungsfaktoren in „SusDec" verhindert bzw. auf ein Mindestmaß begrenzt.

7.1.4   Szenario 4: Grenzen der Vergleichbarkeit innerhalb des Systems

Nach der Ermittlung der Mehrbelastung der jeweiligen Produktsysteme wird bei der Methode „SusDec" die Relevanz der jeweiligen Mehrbelastungen für die Nachhaltigkeit bewertet. Nach der Bewertung können die gewichteten Mehrbelastungen analysiert und gegeneinander aufgewogen werden. Damit wird die Nachhaltigkeit operationalisiert und unterschiedliche Aspekte können miteinander verglichen werden. Diese Vergleichsmöglichkeit unterliegt für einen sinnvollen Vergleich mit messbaren Größen aber zu beachtenden Einschränkungen. Diese sollen im folgenden Szenario erläutert werden.

In diesem Szenario werden wieder für alle Indikatoren die Mehrbelastungen "0" gesetzt. Ausnahmen sind die Indikatoren „Anteil erneuerbarer Energien" mit einer Mehrbelastung von 400 % und „Entstehung von radioaktivem Abfall" mit einer Mehrbelastung von 45 %. Gleiches gilt für die Relevanz für die Nachhaltigkeit. Sie ist im ersten Fall „gering" und im zweiten Fall „groß". Für alle anderen Indikatoren ist sie „sehr groß".

Grundsätzlich können Resultate der Mehrbelastungsanalyse unterschiedlicher Relevanzen nicht miteinander verglichen werden. Jede Merkmalsausprägung der Untersuchungseinheit ist genau einer Kategorie zugeordnet. Somit sind Aussagen über das Verhältnis zwischen zwei Klassen nicht zugelassen. Eine solche Aussage ist nur bei Merkmalsausprägungen möglich, die dasselbe Untersuchungsergebnis bei der Relevanz für die Nachhaltigkeit aufweisen. So kann wegen des nicht feststehenden Verhältnisses zwischen den Klassen nicht gesagt werden, ob eine Mehrbelastung mit der Relevanz „groß" von 45 % mit einer Mehrbelastung mit der Relevanz „gering" von 400 % vergleichbar ist. Aus diesem Grund werden unter „SusDec" nur Mehrbelastungen mit derselben Relevanz für die Nachhaltigkeit miteinander verglichen.

7.1.5   Szenario 5: Linearität

Für eine nachvollziehbare und konsistente Bewertung der Systemtheorie ist der Nachweis der Linearität von Bedeutung. Durch die Definition eines Produktsystems mit Systemgrenzen muss eine Erhöhung des Inputs zu einem im gleichen Verhältnis höheren Output in gleicher Größe führen, damit die Bilanzgleichung als Gleichung im eigentlichen Sinne begriffen werden kann und die Methode als abgeschlossenes System gilt. Aus diesem Grund muss nachgewiesen werden, dass eine Erhöhung des Inputs eines Produktsystems zu einer Output-Erhöhung im gleichen Verhältnis führt. In diesem Szenario wird die funktionelle Einheit des Produktsystems des Phenolphthaleins um 10 % erhöht. Dies sollte zu einer Steigerung der Mehrbelastung von 10 % führen und auch zu einer entsprechenden 10-prozentigen Änderung des Bewertungsergebnisses. Die Wichtung erfolgt mit dem Kriterium „sehr hoch" (A).

Die Linearität ist aufgrund des mathematischen Modells hinter der UBA-Methode zur Berechnung der Mehrbelastung nicht gegeben. An der allgemeinen Anerkennung der UBA-Methode tut das keinen Abbruch, insoweit stellt dieser Sachverhalt für die Methode „SusDec" ebenfalls kein Problem dar, auch wenn aus Sicht der Systemtheorie die Linearität wünschenswert wäre. Da die Nachhaltigkeit unter „SusDec" aber über die Betrachtung der Mehrbelastung bewertet wird, ist eine Nichtlinearität sogar wünschenswert. Größere Unterschiede haben eine stärkere Auswirkung auf das Ergebnis als kleinere. Somit sollten für eine nachhaltige Entwicklung diejenigen Nachhaltigkeitsindikatoren besonders betrachtet werden, die das größte Verbesserungspotential aufweisen.

7.1.6 Szenario 6: Funktionelle Einheit

Die REACh-Verordnung sieht den Vergleich unterschiedlicher Chemikalien nur anhand ihrer (öko-)toxikologischen Eigenschaften vor. Wie bereits dargelegt, greift dieser Ansatz zu kurz und muss - um auch die Forderungen der REACh-Verordnung selbst zu erfüllen - um den Aspekt der nachhaltigen Entwicklung erweitert werden. Aber auch dieser Ansatz einer vergleichenden Analyse von beispielsweise Phenolphthalein mit Thymolphthalein wäre nicht unbedingt zielführend. Hier könnten nutzenungleiche Systeme miteinander verglichen werden und das Resultat hätte damit keinerlei Aussagekraft. Der Einfachheit halber wird keine Wichtung vorgenommen, die Daten werden dem Basisanwendungsbeispiel entnommen und die Relevanz wird für die Nachhaltigkeit als „sehr hoch" für alle Nachhaltigkeitsindikatoren angesehen. Die funktionelle Einheit wird auf 100 pH-Wert-Analysen festgelegt. Hierfür sind 100 ml Phenolphthalein und 120 ml Thymolphthalein notwendig.

Die Abbildung 7.1 zeigt das unterschiedliche Ergebnis der Nachhaltigkeitsbewertung einmal mit nutzenungleichen (grün) und einmal mit nutzengleichen (gelb) Produktsystemen. Die Unterschiede in der Nachhaltigkeitsbewertung sind erheblich, sodass die Entscheidung, „SusDec" mit funktionellen Einheiten arbeiten zu lassen, richtig ist. Somit müssen für eine aussagekräftige Bewertung der Nachhaltigkeit unterschiedlicher Produktsysteme nutzengleiche Systeme damit auch nutzengleiche funktionelle Einheiten definiert werden.

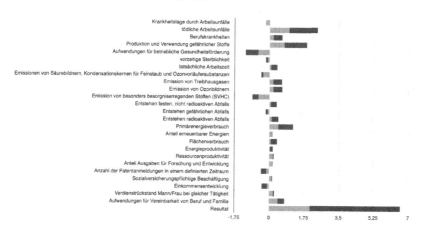

Abbildung 7.1: Vergleich nutzenungleiches/nutzengleiches System

Nachdem die Richtigkeit der Methode im methodischen Sinne gezeigt wurde, muss die Methode „SusDec" auf die Richtigkeit des Ansatzes im Bereich der Nachhaltigkeit hin überprüft werden. Dies erfolgt im nächsten Unterkapitel.

7.2 Ansatz der Nachhaltigkeit

Die im Rahmen dieser Untersuchung entwickelte Methode „Sustainable Decisio (SusDec)" kann dazu genutzt werden, das Produktsystem aus-zuwählen, das die geringsten negativen Auswirkungen auf die nachhalti-ge Entwicklung hat. Die Defizite der bereits verfügbaren Methoden und die Notwendigkeit zur Entwicklung einer eigenen Methode für Chemika-lien wurden dargestellt. Die Auswahl erfolgt aufgrund einer vergleichen-den Untersuchung und Bewertung nutzengleicher Produktsysteme. Mit dieser Maßnahme wird der Grundgedanke der Nachhaltigkeit unter-stützt, kommenden Generationen die Möglichkeit zu geben, ihre Ent-scheidungsprobleme unter ähnlich guten Voraussetzungen lösen zu können, wie es die heutige Generation tut. Darüber hinaus ist es mit Hilfe der Anwendung von „SusDec" auch möglich, intragenerationäre Probleme aufzuzeigen und Fragen der Verteilungsgerechtigkeit zwi-schen den Generationen bereits heutzutage zu einer größeren Bedeu-tung zu verhelfen. Die Nachhaltigkeit könnte so unter diesem Gesichts-punkt verbessert werden. „SusDec" nutzt die integrative Methode des LCSA und berücksichtigt alle drei Dimensionen der Nachhaltigkeit. Dar-über hinaus wird durch die Gestaltung des Nachhaltigkeitsindikatoren-systems dafür gesorgt, dass Zuordnungsprobleme nicht entstehen. Der jeweilige Nachhaltigkeitsindikator muss nicht genau einer Dimension der Nachhaltigkeit zugeordnet werden. Alle Nachhaltigkeitsindikatoren be-rühren mindestens zwei Nachhaltigkeitsdimensionen mit ihren Aspekten, sodass mit deren Hilfe die Nachhaltigkeit quantifiziert werden kann.

Durch die Nutzengleichheit der zu untersuchenden Systeme kann ein Vergleich verschiedener Produktsysteme erfolgen, der ein richtiges Er-gebnis produziert. Das Resultat kann damit als richtig begründet werden.

Über die Formulierung von Schutzgütern wird die strenge Trennung der unterschiedlichen Dimensionen der Nachhaltigkeit aufgebrochen. Dieser Schritt ist notwendig, da die Nachhaltigkeit nur gegeben ist, wenn alle drei Dimensionen der Nachhaltigkeit gleichberechtigt Berücksichtigung finden. Die Schutzgüter basieren auf den im AEUV den Bürgerinnen und Bürgern zugesicherten Grundrechten in der EU. Die Schutzgüter sind damit nicht nur international anerkannt. Sie werden den Bürgerinnen und Bürgern durch den Souverän darüber hinaus explizit zugesichert. Die ausführenden Organe des Souveräns müssen daher mit geeigneten Maßnahmen sicherstellen, dass die Schutzgüter tatsächlich nicht verletzt werden. „SusDec" stellt ein mögliches Instrument dar, mithilfe dessen eine derartige Analyse im Bereich der Chemikalien unter dem Aspekt der Nachhaltigkeit erfolgen kann.

Die vier ausgewählten Schutzgüter beruhen auf politischen Entscheidungen der Volksvertreter der Mitgliedsstaaten der EU. Die einzelnen Schutzgüter werden durch insgesamt neun Aspekte unterfüttert, die von besonderer Relevanz für das jeweilige Schutzgut sind. Diese Aspekte werden als Kategorien bezeichnet. Mit ihnen wird das abstrakte Schutzgut konkretisiert.

Unter der Methode „SusDec" erfolgt die größtmögliche Konkretisierung der Schutzgüter im Rahmen der Festlegung der Nachhaltigkeitsindikatoren im Nachhaltigkeitsindikatorensystem als Ausfüllung der Kategorien. Es handelt sich um vier Schutzgüter und neun Kategorien, die in insgesamt 25 Nachhaltigkeitsindikatoren abgebildet werden. Damit ist der Aufwand, der mit der Durchführung von „SusDec" verbunden ist, nicht unzumutbar groß und gleichzeitig wird die Nachhaltigkeit nicht auf eine unzulässig kleine Anzahl von Aspekten verkürzt.

Die Nachhaltigkeitsindikatoren sind so ausgewählt und gestaltet worden, dass sie den jeweiligen Aspekt der Nachhaltigkeit quantifizieren und somit objektiv darstellen können. Die Nachhaltigkeitsindikatoren werden im gegebenen Rahmen so ausgewählt, dass sie möglichst konkret sind und damit ein möglichst geringes Maß an Aggregation aufweisen. Kompensationseffekte und Überbewertungen werden durch die Gewichtung der Mehrbelastungen der einzelnen Nachhaltigkeitsindikatoren ausgeschlossen. Dadurch gibt es einen Ermessensspielraum, der ausreichend

Raum für eine Diskussion der Resultate unter Experten bietet. Grundsätzlich gilt aber: Je höher das Schadpotential für das jeweilige Schutzgut, desto höher die Gewichtung. Weiterhin haben diejenigen Indikatoren ein höheres Gewicht, bei denen das Indikatorenergebnis einen größeren Abstand zum gewünschten Zustand hat. Darüber hinaus haben diejenigen Indikatoren ein höheres Gewicht, bei denen der spezifische Beitrag zum jeweiligen durch den Nachhaltigkeitsindikator dargestellten Aspekt der Nachhaltigkeit größer ist. Über diese drei Aspekte erfolgt die Rangbildung als „Priorität für die Nachhaltigkeit". Je größer also der Unterschied zwischen aktuellem Zustand und angestrebtem Zustand, desto größer ist das Schutzbedürfnis des betroffenen Schutzgutes. Bei Nachhaltigkeitsindikatoren mit einem großen Abstand zwischen aktuellem und angestrebtem Zustand, können mit wenig Aufwand große Verbesserungen erreicht werden. Ob sich das Engagement für Maßnahmen, die mit einer Verbesserung verbunden sind, lohnt, entscheidet die betroffene Gesellschaft in der gesellschaftlichen Diskussion.

Auch der Aspekt der Effizienz wird im Rahmen der Untersuchung und Bewertung von „SusDec" berücksichtigt. Damit kann die Entkopplung von Umweltbelastung und wirtschaftlicher Leistung quantifiziert werden. Über die Messbarkeit dieser Entkopplung können inhärente Zielkonflikte als zentrales Thema der Effizienzdiskussion gelöst werden.

Bei der vergleichenden Untersuchung und Bewertung der Indikatorergebnisse werden die relativen Mehrbelastungen gemessen. Diese werden als Grundlage der Untersuchung herangezogen und ermöglichen erst die vergleichende Bewertung. Über die Bewertung kann ein Schritt weiter in Richtung der nachhaltigen Entwicklung gegangen werden. Der paarweise Vergleich gleich priorisierter Indikatorergebnisse ist notwendig, um die Richtigkeit des Ergebnisses sicherstellen und begründen zu können. Die Nutzung des T-Diagramms zum abschließenden Vergleich der Mehrbelastungen beider Produktsysteme unterstützt die Veranschaulichung des Resultats von Untersuchung und Bewertung der Nachhaltigkeitseigenschaften von Produktsystemen unter „SusDec".

Das Ergebnis der Bewertung lässt zwei Resultate zu:

1. Es gibt signifikante Unterschiede.
2. Es gibt keine signifikanten Unterschiede.

Damit ist das Ergebnis von Untersuchung und Bewertung eindeutig und gibt den Anwenderinnen und Anwendern die notwendige Sicherheit, die sie beispielsweise für Entscheidungsprobleme wie der Substitutionsentscheidung benötigen.

Für die Untersuchung und Bewertung der Nachhaltigkeit der Produktsysteme der zu untersuchenden Chemikalien werden frei zugängliche Daten genutzt. Die Daten sind auf den jeweiligen Untersuchungsgegenstand und das betroffenen Unternehmen bezogen. Sie werden alsdann in die Nachhaltigkeitsindikatoren unter „SusDec" eingesetzt. Weitere Angaben werden im Unternehmen verfügbar sein und in der Regel in den Nachhaltigkeitsberichten des betroffenen Unternehmens veröffentlicht. Sie dienen als Basis für die Untersuchung und Bewertung. Die freie Zugänglichkeit der Daten ist ein wichtiger Aspekt bei der Gestaltung von „SusDec" und sorgt für ein hohes Maß an Nachvollziehbarkeit und Transparenz.

Die Chemikalienbezogenheit und der Bezug auf den herstellenden Unternehmensteil der Methode „SusDec" stellen sicher, dass keine unzulässigen Abstraktionsschritte in der Analyse getätigt werden, die das Ergebnis verfälschen könnten. Es wird eine unmittelbare Verbindung zwischen der Chemikalie und Nachhaltigkeitseigenschaften der betroffenen Produktsysteme hergestellt. Die Berücksichtigung des „Cradle-to-grave"-Ansatzes verhindert, dass alle über den gesamten Lebensweg in das Produktsysteme eintretenden oder austretenden Stoffströme Berücksichtigung erfahren. Es wird kein Lebensabschnitt der jeweiligen Chemikalie abgeschnitten.

Das schrittweise Vorgehen im Rahmen der Untersuchung und Bewertung der Nachhaltigkeitseigenschaften von Produktsystemen unter „SusDec" unterstützt die Nachvollziehbarkeit der Methode. Das Vorgehen ist der UBA-Methode angelehnt und gilt damit als allgemein anerkannter Stand von Wissenschaft und Technik.

„SusDec" wird prospektiv in Unternehmen eingesetzt, um in der Planungsphase, beispielsweise bei einer Substitutionsentscheidung, geeignete Produktsysteme auf ihre Nachhaltigkeitseigenschaften zu untersuchen und zu bewerten. Ist im Rahmen der gesetzlichen Pflichten des Unternehmens die Substitution einer Chemikalie notwendigermaßen durchzuführen, kann eine mögliche Alternative bereits im Vorfeld auf ihre Eignung hin untersucht werden. Ist eine Eignung im entsprechenden Anwendungsbereich gegeben, kann die Untersuchung und Bewertung der Nachhaltigkeitseigenschaften der beiden Produktsysteme erfolgen und aufgrund des Vergleiches beider Eigenschaften eine Entscheidung getroffen werden. Damit ist das Unternehmen bereits in der Planungsphase in der Lage, seine gesetzlichen Verpflichtungen zu erfüllen und gleichzeitig wird ein weiterer Schritt in Richtung nachhaltiger Entwicklung gegangen.

Der Anwendungsbereich bleibt aber nicht rein auf den Kreis betroffener Unternehmen beschränkt. Vielmehr können die zuständigen Behörden und NGOs ebenfalls Untersuchungen und Bewertungen der Nachhaltigkeitseigenschaften der Produktsysteme von Chemikalien vornehmen. Die Analyse des Unternehmens kann so überprüft werden. Damit kommt der Personengruppe der Stakeholder eine besondere Rolle zu. Sie kann die Unternehmensentscheidung und die Annahmen, die der Analyse zugrunde liegen, untersuchen und bewerten.

Damit unterstützt die Methode „SusDec" den international anerkannten und vertretenen Anspruch der unterschiedlichen Anspruchsgruppen, den Weg der nachhaltigen Entwicklung zu beschreiten.

Nachdem die Implementierung der methodischen Aspekte und des Ansatzes der Nachhaltigkeit in „SusDec" auf ihre Richtigkeit hin überprüft wurden, muss nun noch die Implementierung des Gedankens der REACh-Verordnung und der Grünen Chemie auf ihre Richtigkeit hin überprüft werden. Dies erfolgt im nächsten Unterkapitel.

7.3 Ansatz der Grünen Chemie und der REACh-Verordnung

Die besondere Relevanz der Nachhaltigkeitseigenschaften von Chemikalien bei der Herstellung und Verwendung von Chemikalien wurde im Verlauf dieser Arbeit mehrfach unterstrichen. Insbesondere bei der Substitutionsentscheidung im Rahmen der REACh-Verordnung müssen die Gesichtspunkte der Nachhaltigkeit Berücksichtigung finden.

Wie eingangs skizziert, stellt der Begriff des Umweltschutzes unter REACh immer nur auf die toxikologischen und ökotoxikologischen Eigenschaften eines konkreten Stoffes auf Mensch und Umwelt ab. Die alleinige Berücksichtigung dieser Aspekte ist unzureichend und führt zu fehlerhaften Substitutionsentscheidungen. Der Begriff des Umweltschutzgedankens bleibt nach Einführung der REACh-Verordnung im europäischen Chemikalienrecht gleich - die REACh- Verordnung bedient jedoch nur einen kleinen Ausschnitt des Umweltschutzgedankens und lässt die Aspekte der Nachhaltigkeit aus; obwohl doch die nachhaltige Entwicklung durch die REACh-Verordnung unterstützt werden soll.

Umweltschutz stellt unter Nachhaltigkeitsgesichtspunkten ein Kernelement auf dem Weg zur nachhaltigen Entwicklung dar. Der Nachhaltigkeitsbegriff steht dabei im Spannungsfeld zwischen den drei Dimensionen Ökologie, Ökonomie und Gesellschaft. Der Umweltschutzbegriff darf deshalb nicht nur auf einen Teilaspekt der Auswirkung von Produkten reduziert werden.

Der Lebensweg eines Produktes umfasst aus Nachhaltigkeitssicht die Herstellung, die - durch Recycling ggf. mehrfache - Verwendung und die Entsorgung von Gütern. Die in „SusDec" berücksichtigten Bewertungskriterien gehen über den Aspekt der reinen Toxikologie hinaus. „SusDec" verfolgt damit einen gesamtheitlichen Ansatz und berücksichtigt den gesamten Lebensweg eines Gutes und das gesamte Spektrum an Auswirkungen auf die Nachhaltigkeit. Die Lücke zwischen den ursprünglichen Erwägungsgründen der REACh-Verordnung und ihrer tatsächlichen Ausgestaltung werden durch die entwickelte Methode beseitigt. Es erfolgt die Untersuchung und Bewertung der Nachhaltigkeitseigenschaften der betroffenen Chemikalien. Erst durch diese Perspektive wird die nachhaltige Entwicklung unterstützt. Im Rahmen der Durchführung von „SusDec" orientiert sich die Vorgehensweise an allgemein anerkannten Methoden (Adaption der UBA-Methode).

Darüber hinaus läuft die Methode „SusDec" aufgrund ihrer Ausgestaltung nicht den anderen Zielen der REACh-Verordnung zuwider. Die Belastungen für die Unternehmen werden nicht vergrößert. Vielmehr steht den Unternehmen mit „SusDec" nunmehr endlich ein Werkzeug zur Verfügung, mit dessen Hilfe die Unternehmen ihre Substitutionsentscheidungen transparent, objektiv und hinreichend begründet publizieren können. Die Ergebnisse können für die Kommunikation mit den Stakeholdern genutzt werden und steigern das Ansehen des jeweiligen Unternehmens. Die anfänglichen Schwierigkeiten der Unternehmen mit dem von Grund auf geänderten Chemikalienrecht sind durchgestanden, sodass mit Hilfe von „SusDec" der Aspekt der nachhaltigen Substitutionsentscheidung in Angriff genommen werden kann, ohne die Unternehmen zu überfordern. Die grundsätzlichen Vorgehensweisen und rechtlichen Pflichten des Unternehmens werden durch „SusDec" nicht verändert. Die Ziele der REACh-Verordnung - Sicherstellung eines hohen Schutzniveaus für die menschliche Gesundheit und die Umwelt, Verbesserung der Wettbewerbsfähigkeit der chemischen Industrie und freier Warenverkehr für Substanzen auf dem gemeinsamen Binnenmarkt - werden mit Hilfe von „SusDec" in einem höheren Maße erreicht.

Am Anwendungsbeispiel wurde gezeigt, dass „SusDec" durch die Auswahl geeigneter Nachhaltigkeitsindikatoren ein System zur Bewertung der Nachhaltigkeit von Produkten bereitstellt. Hierbei wird im Rahmen der Substitution - also dem Austausch von besonders besorgniserregenden Stoffen gegen weniger gefährliche Stoffe - der Nachhaltigkeitsaspekt nun angemessen berücksichtigt. Somit werden die Sicherheit und der Gesundheitsschutz verbessert und das Schutzniveau für die Umwelt erhöht.

Wie bereits erwähnt, ist das Regulierungssystem unter REACh zurzeit nur eindimensional und berücksichtigt ausschließlich toxikologische und ökotoxikologische Aspekte. Eine sichere Anwendung von Chemikalien gilt bereits als bewiesen, wenn der „Derived-No-Effect-Level" unterschritten wird. Durch die Anwendung von „SusDec" kann dieser Missstand beseitigt werden, da die Untersuchung und die Bewertung der Chemikalien über die Nachhaltigkeitseigenschaften der betroffenen Chemikalien erfolgt. Auch der toxikologische bzw. ökotoxikologische Aspekt gehört zu den Nachhaltigkeitseigenschaften und wird bei der Untersuchung und der Bewertung berücksichtigt. Damit erfolgt eine gesamtheitliche Bewertung, ohne Einzelaspekte gegeneinander auszuspielen.

Wird die Methode „SusDec" als Werkzeug zur Untersuchung und Bewertung der Nachhaltigkeitseigenschaften von Chemikalien genutzt, wird diese Unschärfe der REACh-Verordnung geheilt und tatsächlich ein Schritt in Richtung nachhaltiger Entwicklung gegangen.

„SusDec" bemüht sich durch die Gestaltung des Systems von Nachhaltigkeitsindikatoren darum, die Kopplung von Produktion und Umweltauswirkungen zu visualisieren und damit ein Werkzeug bereitzustellen, das die Visualisierung der Entkopplung der beiden Aspekte ebenfalls ermöglicht. Durch die begrenzte Verfügbarkeit von Ressourcen und dem

Anfall von Abfallströmen muss diesen beiden Aspekten im Rahmen des Lebensweges der Chemikalien besondere Aufmerksamkeit zukommen. Die Methode „SusDec" löst dies über die Einführung des Schutzgutes „Natürliche Ressourcen" als eines von vier Schutzgütern.

Der Aspekt der Vermeidung der Verschwendung natürlicher Ressourcen und der Vermeidung des Anfallens von Abfallströmen findet sich aber auch in weiteren Nachhaltigkeitsindikatoren wieder. Damit wird dem Anspruch der nachhaltigen Chemie Rechnung getragen, durch die Senkung des Verbrauchs natürlicher Ressourcen für Produkte und Verfahren zu Entlastungen für Mensch und Umwelt beizutragen und gleichzeitig Kostenersparnisse zu erzielen.

Das Konzept der „Short-Range-Chemicals" kann im Rahmen der Substitutionsprüfung genutzt werden, um die Auswirkungen der betroffenen Chemikalien auf Mensch und Umwelt aus toxikologischer bzw. ökotoxikologischer Sicht abzuschätzen. Die Bewertung der Gefährlichkeit von Chemikalien in zwei bzw. drei Schritten führt zu einem für die Praxis verwertbaren Ergebnis, das im Risikomanagement sinnvoll angewendet werden kann. Für die Untersuchung und Bewertung von Nachhaltigkeitseigenschaften kann diese Methode aber nicht angewendet werden - Nachhaltigkeitsaspekte spielen im Konzept der „Short-Range-Chemicals" keine Rolle. Aus diesem Grund wurde allein der Aspekt der Orientierung an der Vorsorge für die Methode „SusDec" übernommen.

Das Einfache Maßnahmenkonzept für Gefahrstoffe (EMKG) fand keinen Niederschlag in der Methode „SusDec". Das Konzept berücksichtigt nur die Aufnahme von Substanzen über die Haut oder die Lunge. Für den Bereich des Arbeitsschutzes ist diese Vorgehensweise ausreichend, im Bereich des Drittschutzes bzw. des alltäglichen Lebens aber ist die Berücksichtigung der oralen Aufnahme von besonderer Bedeutung. Die Bürgerinnen und Bürger erhalten eben gerade keine Auskunft über die Chemikalien, denen sie ausgesetzt sind bzw. denen sie sich aussetzen. Aus diesem Grund können sie entlang der Lieferkette auch keine Informationen über diese Chemikalien erhalten. Das EMKG ist darüber hinaus kein vorsorgeorientiertes Konzept. Vielmehr bezieht es sich auf den Umgang mit inhärent nicht sicheren Chemikalien, obwohl Ziel der nachhaltigen Chemie ist, inhärent sichere Chemikalien zu entwickeln und herzustellen. Das EMKG kann daher für eine Methode wie „SusDec" keine Anwendung finden.

Das Vorgehen unter „SusDec" hat die größten Gemeinsamkeiten mit dem Konzept des UBA für nachhaltige Chemie. Es ist das einzige vorgestellte Verfahren, das Aspekte der Nachhaltigkeit mit in die Untersuchung und Bewertung der betroffenen Chemikalien miteinbezieht. Der Aspekt der Verwendung möglichst ungefährlicher Chemikalien findet sich unter „SusDec" ebenfalls wieder (siehe Nachhaltigkeitsindikator „Produktion und Verwendung gefährlicher Stoffe"). Gefährliche Chemikalien sollen nach Möglichkeit nicht produziert und verwendet werden. Es sollen aber auch Chemikalien mit höherem Gefährdungspotential gegen weniger gefährliche ausgetauscht werden. Die Bedingungen des UBA-Konzeptes für nachhaltige Chemie an Herstellung, Verarbeitung und Verwendung von Chemikalien finden unter „SusDec" ebenfalls Anwendung. Im Bereich der zu berücksichtigenden Nachhaltigkeitseigenschaften der einzelnen Chemikalien geht „SusDec" aber weit über die Anforderungen des UBA-Konzeptes hinaus. So finden beispielsweise soziale Aspekte im UBA-Konzept keine Anwendung, obwohl gerade diese Aspekte für ein friedliches Zusammenleben innerhalb einer Gemeinschaft von erheblicher Bedeutung sind. Die ökonomischen Aspekte werden im UBA-Konzept auf Effizienzgesichtspunkte verkürzt. Die ökonomischen Aspekte beinhalten aber eine wesentlich größere Anzahl von Gesichtspunkten und müssen im Interesse der adressierten Unternehmen erweitert werden, da diese für die betroffenen Unternehmen von besonderer Bedeutung sind. Die Methode „SusDec" nimmt diese Erweiterung auf und berücksichtigt neben sozialen Aspekten auch ökonomische Aspekte in diversen Nachhaltigkeitsindikatoren in den verschiedenen Schutzgütern.

Das Konzept des „Benign by design" ist für die Entwicklung sicherer Chemikalien von erheblicher Bedeutung und prospektiv betrachtet besonders effektiv. Bereits in der Planungsphase der Produkte und Arbeitsverfahren werden die gewünschten Chemikalien den Anforderungen entsprechend gestaltet. Damit kann eine Vielzahl von Problemen von Anfang an vermieden werden. Die Entscheidungsprobleme im Bereich des Risikomanagements treten in der Regel aber erst zu einem späteren Zeitpunkt auf, sodass die charmante Idee des Konzeptes für diese Phase nicht mehr greift. Auch finden Nachhaltigkeitsaspekte im Konzept keine Anwendung. Aus diesem Grund ist die Adaption der Methode an das Vorgehen unter „SusDec" nur begrenzt hilfreich. Für die Entwicklung von Chemikalien ist die Methode aber unter toxikologischen Aspekten von erheblicher Bedeutung und kann nach der Gestaltung der Chemikalie mit der Methode „SusDec" kombiniert werden. Hier erfolgt dann die Untersuchung und Bewertung der Nachhaltigkeitseigenschaften der neu gestalteten Chemikalien. Gleichzeitig wurde auch der Stand der Technik der Grünen Chemie im Bereich der Normung überprüft. Hier wurde Verbesserungspotential identifiziert und Kritik an den vorliegenden Methoden geübt. Der Weg vom „Blauen Engel" bis hin zum EMAS der EU beschreibt Ansätze auf dem Weg zur nachhaltigen Entwicklung. Diese betrachten in der Regel aber nur Teilaspekte der Nachhaltigkeit und gehen nicht auf Probleme ein, die sich aus dem Spannungsfeld von ökonomischen, ökologischen und sozialen Zielen nach der etablierten Nachhaltigkeitsdefinition ergeben. Die entwickelte Methode „SusDec" basiert zwar auch auf der etablierten Nachhaltigkeitsdefinition, beschäftigt sich aber direkt mit diesem Spannungsfeld, bietet eine exaktere Methode zur Bestimmung der Bewertung der Nachhaltigkeit von Chemikalien und hilft deshalb bei der Sensibilisierung der Anwender. Es stellt sich aber die Frage, inwieweit die bisher etablierte Definition der Nachhaltigkeit mit den daraus abgeleiteten Methoden, die auftretenden Spannungsfelder auch im Hinblick auf andere wissenschaftliche Betrachtungen dauerhaft widerspruchsfrei auflösen kann.

Die Methode „SusDec" ermöglicht durch Berücksichtigung der Nachhaltigkeitseigenschaften von Chemikalien einen weiteren Schritt hin zu weniger negativen Auswirkungen der Produktion und Verarbeitung chemischer Erzeugnisse sowie ihrer Anwendung auf Mensch und Umwelt. Die bisher weit verbreitete Bewertung allein aufgrund toxikologischer bzw. ökotoxikologischer Eigenschaften wird damit überwunden. Bei der Gestaltung von „SusDec" wurde der Erkenntnisstand von Wissenschaft und Technik berücksichtigt. Er schlägt sich nun in der Methode nieder.

Die Methode „SusDec" wurde erfolgreich auf ihre Richtigkeit hin überprüft. Die Methode ist praktikabel und liefert richtige Ergebnisse bei der Untersuchung und Bewertung der Nachhaltigkeit von Chemikalien. Damit kann beispielsweise bei der Substitutionsentscheidung im Bereich der REACh-Verordnung neben der geforderten (öko-)toxikologisch richtigen Entscheidung nun auch eine nachhaltige Entscheidung erfolgen und der Teufel wird nicht mehr mit dem Beelzebub ausgetrieben.

8 Zusammenfassung und Ausblick

In diesem Kapitel werden die Inhalte aus der Methodenentwicklung von „SusDec" und der ihr vorhergehenden Überlegungen dargestellt. Darüber hinaus wird ein Ausblick im Themenbereich der Nachhaltigkeit und der nachhaltigen Chemie gewagt.

8.1 Zusammenfassung

In dieser Arbeit sollte ein integratives Nachhaltigkeitsindikatorensystem entwickelt werden, das die vergleichende Untersuchung und Bewertung zweier Produktsysteme im Bereich der Chemikalien ermöglicht. Mit Hilfe des Resultats sollte eine Auswahlmöglichkeit bereitgestellt werden, die den Anwender in die Lage versetzt, sich für das nachhaltigere Produktsystem zu entscheiden. Die Praktikabilität der Methode sollte über ein Anwendungsbeispiel gezeigt werden. Die Methode wurde „SusDec" in Anlehnung an „Sustainable Decisio" getauft.

Vor der Entwicklung der Methode mussten die aktuellen theoretischen Grundlagen aufgearbeitet werden, um die Methode nach dem Stand von Wissenschaft und Technik zu entwickeln.

Das Thema Nachhaltigkeit bzw. nachhaltige Entwicklung ist von hoher Relevanz. Aufgrund einer Vielzahl aktueller Diskussionen über die Verteilungsgerechtigkeit ist es darüber hinaus im öffentlichen Bewusstsein. Da sich auch die Experten uneins darüber sind, mit welchen Maßnahmen eine nachhaltige Entwicklung tatsächlich erreicht werden kann, geht auch die politische Diskussion in unterschiedliche Richtungen und man verfolgt verschiedene Ansätze. Es besteht aber Einigkeit darüber, dass der abstrakte Begriff der Nachhaltigkeit im alltäglichen Leben Anwendung finden soll. Unstrittig ist auch, dass Nachhaltigkeit dort besteht, wo die Aspekte Ökologie, Ökonomie und Soziales gleichberechtigt berücksichtigt werden. Die Diskussionen werden aber durch die Operationalisierung der Nachhaltigkeit nicht trivialer. Uneinigkeit entsteht aufgrund verschiedener Ansätze und Sichtweisen zu Verdichtung, Integration oder Gewichtung einer Dimensionen der Nachhaltigkeit. Dabei sprechen wir beim Ansatz der nachhaltigen Entwicklung über eine Idee, die etwas mehr als 300 Jahre alt ist.

Bei der aktuellen Weiterentwicklung des Nachhaltigkeitsgedankens geht man davon aus, dass es um Bedürfnisbefriedigung innerhalb der und zwischen den Generationen geht. Angesprochen ist also die damit verbundene Frage der Verteilungsgerechtigkeit. Bedürfnisse dürfen nur in einem Maße gedeckt werden, das die Befriedigung der Bedürfnisse auch anderer Anspruchsgruppen ermöglicht. Dieser Ansatz ist international anerkannt - sowohl durch die Vereinten Nationen, einzelne Staatenbünde, Nationalstaaten, Unternehmen, Nichtregierungsorganisationen sowie Bürgerinnen und Bürger. Je nach Perspektive der jeweiligen Anspruchsgruppe gehen die Schwerpunktsetzungen weit auseinander. Dies betrifft sowohl einzelne Aspekte, die Berücksichtigung finden sollen, als auch deren Gewichtung. Natürlich führt dies dazu, dass Spannungsfelder auftreten.

Nichtsdestotrotz führen die einzelnen Beteiligten Maßnahmen zur Stärkung der nachhaltigen Entwicklung durch. Hierbei lässt sich feststellen, dass bei den ergriffenen Maßnahmen auf unterschiedliche Aspekte Wert gelegt wird und keiner der Ansätze dem anderen kongruent ist. Limitierender Faktor jeder dieser Maßnahmen scheint aber das Geld zu sein. Insoweit wäre die Bündelung der verschiedenen Maßnahmen mit Sicherheit von Vorteil.

Um nun die Untersuchung und Bewertung der Nachhaltigkeit von Produktsystemen durchführen zu können und möglicherweise vergleichbar zu machen, bedient man sich Bemessungsgrößen der Nachhaltigkeit. Mittels dieser Größen sollen die getroffenen Maßnahmen auf ihre Wirksamkeit hin überprüft werden. Hierbei nutzt man einzelne Indikatoren, die in Verbindung mit unterschiedlichen Gewichtungen je nach Relevanz die Bewertung der Nachhaltigkeit ermöglichen. Diese Indikatoren sind damit Mess- und Hilfsgrößen zur Beschreibung von Systemen. Es existiert keine allgemein gültige Methode zur Erzeugung von Nachhaltigkeitsindikatorensystemen. Problematisch sind die gegenläufigen Aspekte der Komplexität dieser Systeme und deren Handhabbarkeit sowie die Problematik einer angemessenen Anzahl von Indikatoren.

Als Methoden für die Untersuchung und Bewertung einzelner für die nachhaltige Entwicklung maßgeblicher Aspekte wurden die LCA, die LCC und die SLCA entwickelt, die für jede Nachhaltigkeitsdimension getrennte Bewertungsmethoden darstellen. Gewisse Aspekte und Problematiken lassen sich aber nicht mit der isolierten Betrachtung einer einzigen Dimension lösen, sodass eine saubere Abgrenzung nicht möglich ist. Insoweit werden zur Zeit integrative Methoden entwickelt, die eine ganzheitliche Bewertung der Nachhaltigkeit - ohne Abgrenzungsprobleme - ermöglichen. Damit können Wechselwirkungen zwischen den einzelnen Dimensionen berücksichtigt werden. Jede dieser Methoden ist lebenszyklusbasiert und betrachtet nutzengleiche Systeme.

Das Umweltbundesamt hat eine Methode entwickelt, mit deren Hilfe die Bewertung von Ökobilanzen möglich ist. Diese Methode ist allgemein anerkannt und arbeitet mit einer vergleichenden Untersuchung und Bewertung nutzengleicher Systeme. Der Methode liegt die Nutzwertanalyse zugrunde. In den Schritten Formulierung von Schutzgütern, Normierung, Ordnung und Auswertung erfolgt die Bewertung.

Damit wurden Erkenntnisse im Bereich der Nachhaltigkeitsforschung zur Untersuchung und Bewertung der Nachhaltigkeit von Produkten bei vergleichenden Analysen gewonnen und zur Methodenentwicklung genutzt. Es wurde ein geeignetes Vorgehen für die Untersuchung und Bewertung der Nachhaltigkeit von Produkten ausgewählt.

Bei der Erstellung einer Methode zur Untersuchung und Bewertung der Nachhaltigkeit von Chemikalien muss auch das theoretische Basiswis-

sen zu Ansätzen der nachhaltigen Chemie und dem dort aktuellen Forschungsstand vorliegen. Der Ansatz der nachhaltigen Chemie löst die
Sichtweise der Prozesschemie langsam ab. In der Prozesschemie wird
die Raum-Zeit-Ausbeute maximiert. Dies führt zu Problemen. Hierzu
zählen unter anderem die Überschreitung verfügbarer Ressourcen, rie-
sige anfallende Abfallströme oder auch das Überfordern natürlicher
Senken. Die Sichtweise kehrt sich in der nachhaltigen Chemie um. In
diesem Ansatz wird die Zielsetzung verfolgt, negative Auswirkungen der
Produktion chemischer Erzeugnisse sowie ihrer Verarbeitung und Anwendung auf Mensch und Umwelt möglichst zu vermeiden.

Der Forschungsbereich zur nachhaltigen Entwicklung ist ähnlich hetero-
gen wie der Bereich der Nachhaltigkeit selbst. Es gibt verschiedene Ansätze und Methoden, um Chemikalien nachhaltig zu produzieren und
anzuwenden. Auch der europäische Gesetzgeber hat den Ansatz der
nachhaltigen Chemie in Rechtsvorschriften übernommen. Die verfügbaren Ansätze im Bereich der nachhaltigen Chemie wurden an einigen
ausgewählten Beispielen vorgestellt und ihre Vor- und Nachteile kritisch
diskutiert. Letztendlich sollten die Erkenntnisse in das Design der entwickelten Methode „SusDec" einfließen. Zu den diskutierten Ansätzen
gehörten:

- „Short Range Chemicals" von SCHERINGER
- „Einfaches Maßnahmenkonzept für Gefahrstoffe" der Bundes-
  anstalt für Arbeitsschutz und Arbeitsmedizin
- „Konzept nachhaltige Chemie" des Umweltbundesamtes
- „Benign by Design" von KÜMMERER

Die Übernahme des Ansatzes der nachhaltigen Chemie mündet in eine
Neuordnung der Gesetzgebung der Europäischen Union im Bereich der
Chemikalien. Mit der REACh-Verordnung wird ein neues Regelungssys-
tem geschaffen. Diese Regelungen müssen vor Erzeugung der Methode
„SusDec" bekannt sein. Die sogenannte REACh-Verordnung beschreibt
die Voraussetzungen zum Inverkehrbringen von Chemikalien auf dem

europäischen Binnenmarkt und benennt die Pflichten der einzelnen Wirtschaftsakteure entlang der Lieferkette.

Die einzelnen Hauptziele, Kernelemente und besonders wichtigen Regelungsinhalte der REACh-Verordnung wurden vorgestellt. Bei den Hauptzielen handelt es sich um die Sicherstellung eines hohen Schutzniveaus für die menschliche Gesundheit und die Umwelt, die Verbesserung der Wettbewerbsfähigkeit der chemischen Industrie sowie ein freier Warenverkehr von Substanzen auf dem gemeinsamen Binnenmarkt. REACh ist ein Akronym und steht für Registration, Evaluation, Authorisation and Restriction of Chemicals. Damit sind auch die Kernelemente der REACh-Verordnung bekannt. Es sind die Registrierung, die Bewertung, die Zulassung und die Beschränkung von Chemikalien. Die Europäische Kommission will mit den Regelungen nicht nur die Schutzziele durchsetzen, sondern auch Motivationshilfe leisten, dass die chemische Industrie innovativ ist und bleibt. Hierdurch soll eine Expositionsreduzierung und die Entwicklung sicherer Stoffe erreicht werden.

Mit den Ausführungen im Text ist die Analyse und Nutzung der Erkenntnisse und Methoden im Bereich der nachhaltigen bzw. Grünen Chemie erfolgt. Es wurden die vorhandenen Konzepte im Bereich der nachhaltigen Chemie analysiert sowie die kritische Bewertung und Transformation geeigneter Erkenntnisse in die zu entwickelnden Methode vorgenommen.

Das Anwendungsbeispiel zur Überprüfung der Praktikabilität der Methode „SusDec" ist ebenfalls der REACh-Verordnung entnommen. Im Rahmen des Substitutionsverfahren kann es dazu kommen, dass eine gefährliche Chemikalie durch eine weniger gefährliche Chemikalie ausgetauscht werden soll. Die Prüfung der Gefährlichkeit enthält nur die Aspekte der Toxikologie und der Ökotoxikologie. Dies greift aber zu kurz und widerspricht der eigentlichen Zielrichtung der REACh-Verordnung - die Förderung der nachhaltigen Entwicklung. Somit muss die Substitutionsentscheidung um die Aspekte der nachhaltigen Entwicklung ergänzt werden, die natürlich die Aspekte Toxikologie und der Ökotoxikologie enthalten. Insoweit kann verhindert werden, dass „der Teufel mit dem Beelzebub ausgetrieben wird".

Damit ist das Teilziel 3 a) (siehe Kapitel 2.1) nach einer Anwendung der Methode bei der „Substitutionsprüfung im Rahmen der REACh-Verordnung" erreicht.

Mit „SusDec" steht nun eine Methode zur Verfügung, um die Auswirkungen von Produktsystemen von Chemikalien auf die Nachhaltigkeit untersuchen und bewerten zu können. Es werden zwei vergleichbare Produktsysteme miteinander verglichen. Der jeweilige Anwender soll nach Durchführung der Methode als Resultat die Entscheidung für oder gegen eine der beiden Alternativen auf Grundlage einer Untersuchung und Bewertung der Nachhaltigkeit von Produktsystemen treffen können. Es soll das nachhaltigere Produktsystem gewählt werden können. Die Untersuchung und Bewertung der Nachhaltigkeit erfolgt nicht anhand der abgegrenzten Betrachtung nach Nachhaltigkeitsdimensionen, sondern durch Formulierung von Schutzgütern, die ökologische, ökonomische und soziale Aspekte auf sich vereinigen.

Die Auswirkungen der Produktsysteme auf die Nachhaltigkeit werden über eine ausreichende Anzahl von Nachhaltigkeitsindikatoren ermittelt und erfasst. Um Kompensationseffekte zu vermeiden, werden die einzelnen Indikatoren unterschiedlich gewichtet. Nachvollziehbarkeit und Transparenz von „SusDec" werden über die Bevorzugung frei zugänglicher Quellen als Datenbasis für die Untersuchung sichergestellt. Die Richtigkeit des Ergebnisses wird über eine Sensitivitätsanalyse nachgewiesen. Die einzelnen Indikatoren sind so ausgewählt, dass sie sich auf eine Chemikalie oder den jeweiligen Betriebssitz beziehen lassen. Darüber hinaus soll es möglichst einen kausalen Zusammenhang zwischen Chemikalie und Auswirkung auf das jeweilige Schutzgut geben. Die Schutzgüter sind der europäischen Gesetzgebung entnommen.

Bei der Durchführung von „SusDec" werden sechs Teilschritte durchlaufen. Zuerst werden Schutzgüter formuliert. In diesem Falle sind es vier an der Zahl. Die Schutzgüter werden durch Kategorien konkretisiert, denen die einzelnen Nachhaltigkeitsindikatoren zugeordnet sind. Im dritten Schritt werden die Indikatorergebnisse recherchiert. Aus den Indikatorergebnissen werden die Mehrbelastungen ermittelt. Die Mehrbelastungen müssen in einem vorletzten Teilschritt priorisiert werden, damit eine Rangfolge gebildet wird. Im letzten Schritt werden Handlungsstrategien aus dem Resultat abgeleitet.

Das Nachhaltigkeitsindikatorensystem wurde erstellt. Es besteht aus folgenden vier Schutzgütern:

- Menschliche Gesundheit
- Struktur und Funktion der Ökosysteme
- Natürliche Ressourcen
- Wirtschaftlicher Wohlstand

Die Schutzgüter orientieren sich an den Artikeln 9 und 11 des Vertrags über die Arbeitsweise der Europäischen Union und werden durch neun Kategorien untersetzt. Die neun Kategorien werden durch insgesamt 25 Nachhaltigkeitsindikatoren ausgefüllt.

In Rahmen der Untersuchung der Auswirkung der Produktsysteme auf die Nachhaltigkeit werden die Sachbilanzergebnisse der einzelnen Nachhaltigkeitsindikatoren recherchiert. In einem zweiten Schritt erfolgt die Ermittlung der Mehrbelastung. Die Rangfolgenbildung der Indikatorergebnisse erfolgt über die Bewertung der Aspekte „Gefährdung für die menschliche Existenz", „Distance-to-target" und „spezifischer Beitrag". Die Bewertung wird anhand einer fünfstufigen, ordinalen Skala vorgenommen und ergibt die ebenfalls fünfstufige „Priorität für die Nachhaltigkeit". Danach werden die Mehrbelastungen mit gleicher Priorität verglichen und miteinander aufgewogen. Der Vergleich von Mehrbelastungen unterschiedlicher Priorität ist unzulässig.

Mit der Substitutionsentscheidung im Rahmen der REACh-Verordnung wurde ein Anwendungsbeispiel für die Methode „SusDec" gefunden, das zeigt, dass die Methode praktikabel ist und, dass Bedarf für eine solche Methode besteht. Das Beispiel wurde vorgestellt und eine Untersuchung und Bewertung der Nachhaltigkeit der Produktsysteme zweier Chemikalien vorgenommen, die im Rahmen der Substitution eines gefährlichen Stoffes gegen einen weniger gefährlichen Stoff gegeneinander ausgetauscht werden könnten. Die Methode „SusDec" wurde mit allen Teilschritten durchgeführt. Hierzu wurden der Untersuchungsrahmen, der Untersuchungsgegenstand, die Systemgrenzen sowie Annahmen und Einschränkungen festgelegt bzw. vorgenommen. Anschließend wurden Anforderungen an die Modellierungs- und Berechnungsverfahren sowie die Datenqualität formuliert.

Die Methode „SusDec" wendet sich an Anwender verschiedener Stakeholder. Sie weist die dafür notwendige Flexibilität auf. Die einzelnen Stakeholder berücksichtigen unterschiedliche Aspekte bei der Substitutionsentscheidung. Darüber hinaus werden die Aspekte in der Entscheidung unterschiedlich gewichtet und können zu unterschiedlichen Ergebnissen bei der Substitutionsentscheidung führen.

Die Methode soll von den Entscheidungsträgern für eine Substitutionsentscheidung im Unternehmen genutzt werden. Die zuständigen Behördenvertreter können mit dieser Methode die Substitutionsentscheidung nachvollziehen und ggf. Widersprüche aufdecken. Diese können an die betroffenen Stellen der Europäischen Union gemeldet werden. Auch die dort Beschäftigten können die Methode zur Bewertung nutzen. Darüber hinaus kann die Bevölkerung genauso wie die interessierten NGOs die Substitutionsentscheidungen nachvollziehen und auf Fehler oder Ungenauigkeiten - also auf Eignung - prüfen.

Dies alles findet im Spannungsfeld unterschiedlicher Interessen der einzelnen Stakeholder statt. Das betroffene Unternehmen muss seine Interessen und die Interessen der anderen Stakeholder kennen und ein möglichst gemeinsames Vorgehen der einzelnen Stakeholder forcieren. Damit können staatliche Sanktionen und kostspielige Nachbesserungen verhindert werden. Darüber hinaus entfällt ein möglicher Imageverlust bei einer „suboptimalen" Substitutionsentscheidung und das betroffene Unternehmen wird seinen selbst gesetzten Ansprüchen an eine nachhaltige Entwicklung gerecht.

Wie bereits erwähnt, müssen die unterschiedlichen Stakeholder ihre Interessen wahren können. Dies kann in punkto Substitutionsentscheidung nur erfolgen, wenn die einzelnen Wichtungsfaktoren anders gewichtet werden können und so die einzelnen Anspruchsgruppen mit ihren unterschiedlichen Perspektiven eine eigene Untersuchung und Bewertung durchführen können. Damit wäre die Substitutionsentscheidung allgemein anerkannt und es erfolgt tatsächlich der geforderte Schritt in ein nachhaltigeres Wirtschaften.

Im Anwendungsbeispiel werden die Produktsysteme für Phenolphthalein und Thymolphthalein ein miteinander verglichen, da Phenolphthalein aufgrund seiner krebserregenden Eigenschaften gegen Thymolphthalein substituiert werden soll.

Damit wurde im Rahmen dieser Arbeit ein Indikatorensystem mit Nachhaltigkeitsindikatoren erzeugt, das eine gesamtheitliche, integrative Untersuchung und Bewertung aller Nachhaltigkeitsdimensionen ermöglicht erzeugt. Hierfür wurden geeignete Nachhaltigkeitsindikatoren ausgewählt und der Untersuchungsrahmen sowie das Ziel der Untersuchung definiert.

Die einzelnen Ergebnisse der Teilschritte von „SusDec" wurden dargestellt. Jeder einzelne Teilschritt konnte vollzogen und ein Ergebnis erhalten werden. Dargestellt wurden die Indikatorergebnisse und die daraus berechneten Mehrbelastungen je Nachhaltigkeitsindikator. Unter Einschätzung der „Gefährdung der menschlichen Existenz", der „Distance-to-Target" und des „spezifischen Beitrags" wurde für die einzelnen

Nachhaltigkeitsindikatoren die Rangfolge gebildet. Daraus ergab sich die „Priorität für die Nachhaltigkeit", die die Rangfolgenbildung darstellt. Die Mehrbelastungen der Nachhaltigkeitsindikatoren mit gleicher „Priorität für die Nachhaltigkeit" wurden gegenüber gestellt und miteinander verglichen. So konnte die Bewertung der Nachhaltigkeit der beiden Produktsysteme erfolgen. Das Ergebnis der Bewertung war, dass die Substitution des Phenolphthaleins nicht durchgeführt werden sollte, da die Mehrbelastungen auf der Seite des Thymolphthaleins liegen.

Die Beurteilung und Interpretation der Ergebnisse erfolgte unter drei Gesichtspunkten:

1. Methodische Gestaltung der Methode „SusDec"
2. Ansatz der Nachhaltigkeit
3. Ansatz der Grünen Chemie und der REACh-Verordnung

Im Rahmen der Untersuchung der methodischen Gestaltung von „SusDec" wurde geprüft, inwieweit die Gestaltung der Methode den Anforderungen genügt. Hierzu musste die Richtigkeit der Resultate gezeigt werden. Es wurden sechs Szenarien entwickelt, die abweichende Randbedingungen aufstellten. Die Einflüsse auf die Resultate wurden geprüft und mit der Richtigkeit des Ergebnisses verglichen. Die Ergebnisse zeigten, dass durch die Gestaltung der Methode „SusDec" die Richtigkeit der Resultate gegeben ist.

Danach musste nachgewiesen werden, dass die Methode „SusDec" der Grundidee der Nachhaltigkeit nicht zuwiderläuft. Durch die Integrativität der Methode ist die gleichberechtigte Berücksichtigung aller drei Dimensionen der Nachhaltigkeit sichergestellt. Abgrenzungsprobleme zwischen den Dimensionen werden durch die Formulierung von Schutzgütern vermieden. Die Schutzgüter sind über die Ableitung aus dem europäischen Recht allgemein anerkannt. Die Berücksichtigung von 25 Nachhaltigkeitsindikatoren macht die Methode „SusDec" nicht zu komplex, sorgt aber für ein hinreichend belastbares und zuverlässiges Er-

gebnis von Untersuchung und Bewertung der Nachhaltigkeit der untersuchten Produktsysteme. Um Kompensationseffekte zu verhindern,
werden die Ergebnisse der einzelnen Nachhaltigkeitsindikatoren gewichtet und eine Rangfolge erzeugt. Die Ergebnisse zeigen deshalb, dass
die Methode „SusDec" der Grundidee der Nachhaltigkeit nicht zuwiderläuft.

Zuletzt wurde gezeigt, dass die Methode „SusDec" auch im Sinne des
Ansatzes der nachhaltigen Chemie und der Ziele der REACh-
Verordnung ist. Auch die Idee der nachhaltigen Chemie setzt darauf,
dass nicht nur toxikologische und ökotoxikologische Aspekte Berücksichtigung finden, sondern eine komplexere Untersuchung und Bewertung durchgeführt wird. Die Vertreter der jeweiligen Ansätze haben zu
berücksichtigende Aspekte formuliert, die in „SusDec" integriert wurden.
Darüber hinaus gibt es keine Kollisionen mit der REACh-Verordnung.
Vielmehr wird der Ansatz der REACh-Verordnung durch das Vorgehen
in „SusDec" unterstützt und das Ziel einer Stärkung der nachhaltigen
Entwicklung erst erreicht. Die Praktikabilität von „SusDec" wurde mit
einem Beispiel im Rechtsbereich der REACh-Verordnung bewiesen.

Damit wurde auch das letzte Teilziel der Beurteilung und Interpretation
der Methode „SusDec" erfüllt und damit die Zielsetzung aus Kapitel 2.1
und die einzelnen Teilziele aus Kapitel 2.1 erreicht.

8.2   Ausblick

Die vorliegende Arbeit befasst sich methodisch mit der lebenszyklusba-
sierten Nachhaltigkeitsanalyse von Chemikalien unter Berücksichtigung
verfügbarer Ansätze der nachhaltigen Chemie. Es wird mit einem integrierten Ansatz zur vergleichenden Chemikalienanalyse gearbeitet, der
als Basis das LCSA-Konzept und die UBA-Methode zur Bewertung von
Ökobilanzen hat. Das entwickelte Vorgehen wird „SusDec" genannt und

als Methode im Rahmen einer Fallstudie auf ihre Praktikabilität hin überprüft.

Im Rahmen der Substitutionsentscheidung unter der REACh-
Verordnung wird folgendes vorgeschlagen:

- Bearbeitung der Substitutionsentscheidung mit Hilfe der Methode „SusDec" unter Berücksichtigung der Aspekte der Nachhaltigkeit als Entscheidungskriterium, um dem Ziel der REACh-
  Verordnung zu genügen.
- Richtigstellung der REACh-Verordnung, dass um die Entscheidung aus Nachhaltigkeitsgesichtspunkten durchführen zu können, nicht nur toxikologische und ökotoxikologische Aspekte Berücksichtigung finden dürfen. Vielmehr sind die Aspekte zu erweitern. Mit der entwickelten Methode „SusDec" liegt nun ein
  solches Werkzeug vor.

Der Ansatz einer integrierten Analyse und Bewertung der Nachhaltigkeit
von Produktsystemen von Chemikalien kann erweitert werden. Hier ist
eine Vielzahl von Anwendungsbeispielen denkbar, in denen die Nachhaltigkeit verschiedener Produktsysteme untersucht und vergleichend
bewertet werden kann. Anschließend kann das Produktsystem ausgewählt werden, das unter Nachhaltigkeitsgesichtspunkten das bessere ist.

Die vorliegende theoretische Auseinandersetzung mit dem Thema muss
durch weitere Anwendungsbeispiele ergänzt werden. So kann die erfolgreiche Umsetzung in der Praxis gezeigt werden. Hierzu wäre aber die
Durchführung weiterer Fallstudien erforderlich.

Die integrierte Gestaltung der Methode „SusDec" ermöglicht die gleichberechtigte Berücksichtigung aller Dimensionen der Nachhaltigkeit. Insoweit wurde das Vorgehen im Rahmen der LCSA berücksichtigt. Darüber hinaus wurden Schutzgüter in die Methode eingeführt, um Abgrenzungsprobleme zwischen den einzelnen Dimensionen zu vermeiden.
Dies erwies sich aus mehreren Gründen als vorteilhaft und sollte für

andere Konzepte sowie Untersuchungen und Bewertungen der Nachhaltigkeit ebenfalls erwogen werden. Die Anwendung lebenszyklusbasierter Methoden ist allgemein anerkannt und stellt den Stand der Technik dar.

Die Experten im Bereich der Nachhaltigkeit versuchen den Untersuchungsrahmen von Lebenszyklusanalysen zu erweitern und zusätzliche Methoden zu integrieren. Unter anderem sind hier folgende neueste Methoden und Ansätze zu nennen:

- Environmental-Input-Output-LCA
- Hybrid-LCA-Ansatz
- consequential-LCA-Ansatz

All diese Konzepte integrieren systemanalytische Elemente und erweitern den Untersuchungsrahmen von einer Produktanalyse hin zu einer - mehrere Betrachtungsebenen adressierenden - Nachhaltigkeitsanalyse. Neben der methodischen Weiterentwicklung dieser Konzepte sind insbesondere Fallstudien erforderlich sowie die Umsetzung bzw. Berücksichtigung der Ergebnisse in der Praxis, z.B. im Rahmen von Entscheidungsunterstützungsprozessen hinsichtlich alternativer Technologien. [LEHMANN, 2013]

Mit dem Ansatz der nachhaltigen Chemie stehen Werkzeuge zur Verfügung, die prospektiv für sichere Chemikalien sorgen können. Diese Aspekte sind beim Inverkehrbringen zukünftig neuartiger Chemikalien von besonderer Bedeutung. Chemikalien, die sich bereits auf dem Markt befinden und angewendet werden, werden durch diese Ansätze nicht erfasst. Gleiches gilt für Chemikalien, bei denen der Aufwand des Designs zu groß wäre, weil an ihre Eigenschaften besondere Anforderungen gelten. Für diese Chemikalien steht die Methode „SusDec" nun zur Verfügung. Bei Anwendung der Methode können gefährliche Chemikalien, die bereits verwendet werden, gegen weniger gefährliche Alternativen ausgetauscht werden, die gleichzeitig auch aus Nachhaltigkeitsgesichtspunkten die bessere Alternative darstellt. Insoweit kann ein hohes Schutzniveau für die menschliche Gesundheit und für die Umwelt sichergestellt werden.

Wie schon in Kapitel 7 und an anderen Stellen dieser Arbeit festgestellt, ergibt sich aus der bisherigen Definition der Nachhaltigkeit ein Spannungsfeld zwischen ihren drei Dimensionen. Bisherige Messmethoden haben immer nur Teilaspekte nachhaltiger Entwicklung betrachtet und wurden vom Spannungsfeld der Gesamtheitlichkeit nicht tangiert. Aus diesem Spannungsfeld ergeben sich aber Probleme, die an verschiedenen Punkten dieser Arbeit mit den erarbeiteten Lösungen aufgezeigt wurden. Durch die neu entwickelte Methode wird das Spannungsfeld nicht aufgehoben - sie basiert ja auf der etablierten Nachhaltigkeitsdefinition. Bei der Implementierung von „SusDec" wird der jeweilige Anwender der Methode aber auf das Spannungsfeld aufmerksam gemacht und weiter sensibilisiert.

Es ist davon auszugehen, dass auch künftige wissenschaftliche Arbeiten, die sich mit Themen innerhalb des Spannungsfeldes beschäftigen, auf entsprechende Probleme stoßen werden. Dabei zeichnet sich ab, dass die etablierte Nachhaltigkeitsdefinition für die Lösung der auftretenden Probleme nicht immer ausreicht. Zumindest mittelfristig wird sich die Notwendigkeit ergeben, die Definition zu kommentieren, zu ergänzen oder gar gänzlich noch einmal zu überdenken.

Fragestellungen und Probleme, die im Rahmen der Arbeit behandelt werden mussten, waren unter anderem die Abgrenzung der einzelnen Nachhaltigkeitsdimensionen, Kompensationseffekte und auch die Zuordnung von Auswirkungen, die dem jeweiligen Produkt innewohnen bzw. entlang des Lebenswegs mit ihm verbunden sind und damit die Nachhaltigkeit des Produktes beeinflussen. Aufgrund dieser Tatsache kamen Zweifel bei der Bewertung der Nachhaltigkeit auf Grundlage der bisherigen Nachhaltigkeitsdefinition auf. Die Betrachtungsebene der Nachhaltigkeit erscheint inadäquat. Die aktuelle Definition ist nicht widerspruchsfrei bei der Analyse und Bewertung der Nachhaltigkeit anwendbar - dies gilt auch für die neu entwickelte Methode.

Es gibt eine Vielzahl an Beispielen, die deutlich machen, welche Zielkonflikte auftreten können. Zum Abschluss dieser Arbeit sollen drei dieser Beispiele beschrieben werden.

Dass viele durch die Pharmaindustrie hergestellte und vertriebene Medikamente einen großen Nutzen für die Zivilisation haben, darf als allgemein anerkannt gelten. Bei Pharmaka zur Therapie von Neubildungen werden aber immer wieder Vorwürfe erhoben, dass das ökonomische Interesse der Unternehmen überbetont wird und in keinem angemessenen Verhältnis zur Wohlfahrt der jeweiligen Gesellschaft steht. So kostet das Pharmakon Zaltrap zur Behandlung von Dickdarmkrebs monatlich 11.000 US-Dollar. Es verlängert die Lebenserwartung aber nur um eineinhalb Monate [BORCH-JACOBSEN, 2015]. In Ländern mit funktionierenden Sozialversicherungssystemen fängt die Allgemeinheit das finanzielle Risiko ab. In einer Vielzahl von Ländern gibt es diese Errungenschaft aber nicht. Hier können sich die Menschen die finanziell aufwändige Therapie nicht leisten. Darüber hinaus gibt es Zweifel an der Kalkulation des Verkaufspreises. Der Sprecher der Arbeitsgruppe Gesundheit der SPD-Bundestagsfraktion, Prof. Karl Lauterbach, wirft der gesamten Industrie in seiner Publikation unter anderem vor, dass die hohen Preise nichts mit dem tatsächlichen Nutzen der Medikamente zu tun haben, sie weiterhin nicht aus den hohen Forschungskosten resultieren, sondern allein den Profitinteressen der Unternehmen dienen. Weiterhin missbrauchten die Pharmahersteller ihre Marktmacht, behinderten die Forschung und sprengten durch hohe Preise das System [LAUTERBACH, 2015].

Bei einer streng nachhaltigkeitsbezogenen Betrachtung würde dieser Zielkonflikt nicht auftreten, da in diesem Fall die ökonomischen Aspekte durch die betroffenen Unternehmen übergewichtet werden und damit das Wohl der Gesellschaft unterliegt.

Ein weiteres Beispiel ist die Nutzung von Aluminium für Kaffee in Kapseln. Der Kaffee wird in einer Kapsel vorportioniert und dann in einer Maschine aufgegossen. Um das Produkt besonders luxuriös zu präsentieren, wird auf die Alukapseln zurückgegriffen. Weiterhin ist Aluminium geschmacksneutral und hält dem hohen Brühdruck stand [DALLMUS, 2014]. Die leere Kapsel wiegt rund ein Gramm, rund zwei Milliarden Kapseln werden in Deutschland jährlich geleert. Die Aluminiumherstellung weist einen hohen Energiebedarf auf - gleichzeitig gibt es Zweifel an der Recyclingquote bei gleichzeitig höherer Nachfrage nach dem Produkt [NICOLAI, 2014].

Für die Herstellung von Aluminium werden große Mengen Rohstoffe und Energie benötigt. Zum Abbau des Vorstoffes Bauxit werden brasilianische Regenwälder und sibirische Urwälder gerodet und große Landstriche zur Energiegewinnung durch Staudämme unter Wasser gesetzt. Bei der Erzeugung fallen hochgiftige Abfallprodukte an, wie schwermetallhaltige Schlämme, klimaschädliche Fluorkohlenwasserstoffe, das ätzende Fluorwasserstoff sowie Kohlenmonoxid und Schwefeldioxid - die Mitverursacher von saurem Regen. Darüber hinaus sind Aluminiumionen in Wasser gelöst schädlich für Pflanzen und Tiere. [BUND, 2007]

Nach Aussage des Herstellers sucht dieser selbst nach Lösungen. An der Grundsubstanz Aluminium wird aber festgehalten. Die Lösung wird im Bereich des Recyclings mit der Begründung gesucht, dass für das Aluminiumrecycling nur 5 % des Energiebedarfs für die Primärherstellung benötigt werden [NESTLE, 2010]. Dieser Ansatz greift aber aufgrund der dargestellten Probleme (Ressourcen, Beeinträchtigung von Mensch und Umwelt) mit Sicherheit zu kurz. Die Analyse und Verbesserung eines bestehenden Systems als Lösung darzustellen, ohne auch andere Systeme in die Überlegungen einzubeziehen, führt hier zu keinem vernünftigen Ziel. Es wird mit der Verbesserung des Status quo zwar ein „kleines" Ziel erreicht. Das „große" Ziel einer nachhaltigen Ausgestaltung des Systems wird aber verfehlt. Da zum Aufbrühen des Kaffees andere Technologien zur Verfügung stehen, die bessere Eigenschaften in Bezug auf Nachhaltigkeit gezeigt haben, ist die Technologie der Alukapsel aus dieser Perspektive ebenfalls gegen eine andere auszutauschen. Die Lösung eines Problems innerhalb eines Systems muss gegenüber der Planung eines Systems ohne Probleme zurückstehen.

Da zum Aufbrühen des Kaffees andere Technologien zur Verfügung stehen, die bessere Eigenschaften im Bezug auf Nachhaltigkeit gezeigt haben, ist die Technologie der Alukapsel aus dieser Perspektive ebenfalls gegen eine andere auszutauschen. Die Lösung eines Problems innerhalb eines Systems muss gegenüber der Planung eines Systems ohne Probleme zurückstehen.

Wenden wir uns für ein letztes Beispiel haushaltsüblichen Dichtmitteln zu. Silikon-Dichtstoffe sind einkomponentige Polysiloxane, die bei Anwesenheit von Vernetzern zu elastischen Massen aushärten und danach ein kautschukelastisches Verhalten zeigen. Sie werden auch als Silikonkautschuk bezeichnet. Polysiloxane sind chemische Moleküle aus Atomketten mit bis zu tausenden von Atomen. Die Atomkette besteht aus immer gleichen Teilen (den Monomeren) aus einem Siliziumatom und einem Sauerstoffatom in der Kette und unterschiedlichen Fortsätzen („Seitenäste") am Siliziumatom. Aufgrund des Vernetzungscharakters unterscheidet man säurehärtende, aminhärtende und neutralhärtende Silikon-Dichtstoffe. Silikon-Dichtstoffe zeichnen sich durch eine gute Haftung auf Glas, Keramik, Beton, Holz, PVC und Aluminium aus. Sie werden deshalb häufig im Metall- und Glasbau, in Küchen, auf Balkonen und auf Terrassen eingesetzt. [KITTEL/REUL, 2005]

Problematisch sind zum einen die hormonell wirksamen zinnorganischen Verbindungen, die als Katalysator eingesetzt werden. Zum anderen werden Fungizide eingesetzt, die verhindern sollen, dass die Silikonfugen im Bad schimmeln und sich Schimmelpilzsporen in der Raumluft verteilen. Darüber hinaus finden sich je nach Produkt weitere fortpflanzungsgefährdende, erbgutverändernde oder sensibilisierende Substanzen in relevanten Konzentrationen. [ÖKOTEST, 2011]

Dabei stehen Substitute zur Verfügung. Beispielsweise können MS-Hybrid-Dichtstoffe eingesetzt werden [KITTEL/REUL, 2005]. Diese enthalten in der Regel auch Zinnkatalysatoren, sind aber fungizitfrei. Sie können im Hochbau universell angewendet werden. Im Trockenbau stehen ebenso Acrylat-Dichtstoffe zur Verfügung. Wenn diese fungizitfrei sind, können sie alternativ verwendet werden. Sie enthalten keine Zinnkatalysatoren. Insoweit könnte man dieses Nachhaltigkeitsproblem ebenfalls lösen. Inwieweit sich gerade bei den Beschäftigten in den Bauberufen der Einsatz von Silikondichtstoffen auf die Gesundheit in Form von Berufskrankheiten bzw. arbeitsbedingten Erkrankungen auswirkt, kann aufgrund fehlender Datenbasis nicht beantwortet werden.

Wie die Darstellung der drei Beispiele gezeigt hat, werden die Probleme zurzeit gerne mit „End-of-pipe-Strategien" gelöst. Oder aber das Produktsystem wird analysiert, bewertet und ein - relativ betrachtet - verbessertes System wird als Lösung angeboten und als nachhaltig dargestellt. Die eigentliche Problemlösung liegt aber nicht im immer wieder verbesserten Produktsystem, sondern vielmehr in einer anderen Strategie. Das Produktsystem muss während des Designvorgangs bereits aktiv die definierten Ziele verfolgen. Diverse Ansätze wurden hierfür unter Kapitel 3 und 4 vorgestellt.

Denkbar wäre beispielsweise das folgende Vorgehen: Es soll ein neues Produkt hergestellt werden. Hierfür werden als erstes die benötigten Eigenschaften definiert. Nach der Definition der Eigenschaften werden mögliche Substanzen mit ihren funktionellen Gruppen ausgewählt, die einzelnen Produktsysteme erstellt und auf mögliche Nachhaltigkeitsprobleme hin analysiert. Die Ergebnisse werden mit den Entscheidungsträgern der „Unternehmerischen Gesellschaftsverantwortung (CSR)" und dem Marketing abgestimmt und die nachhaltigste Substanz mit ihrem Produktsystem ausgewählt.

Letztendlich muss auch in den aktuellen Ideen zur Nachhaltigkeit wieder das eigentliche Steuerungsprinzip der Nachhaltigkeit von Carlowitz auch für die anderen Bereiche übernommen werden. Auch Marx hatte schon in seinem Werk „Das Kapital" erkannt: "Unter sonst gleichbleibenden Umständen kann sie [Anm. die Gesellschaft] ihren Reichtum nur auf derselben Stufenleiter reproduzieren oder erhalten, indem sie die, während des Jahres z.B., verbrauchten Produktionsmittel, d.h. Arbeitsmittel, Rohmateriale und Hilfsstoffe, in natura durch ein gleiches Quantum neuer Exemplare ersetzt, welches von der jährlichen Produktenmasse abgeschieden und von neuem dem Produktionsprozess einverleibt wird." [MARX, 1968 (1867)]

9 Literaturverzeichnis

[ACHATZ, 2009]   Achatz, Juliane et.al.: Geschlechterungleichheiten im Betrieb: Arbeit, Entlohnung und Gleichstellung in der Privatwirtschaft. Berlin: Edition Sigma, 2009. ISBN: 978-3836087100.

[ADAM, 2013]   Adam, Dietrich: Entscheidungsorientierte Kostenbewertung. Berlin: Springer Verlag, 2013, S. 13. ISBN: 978-3663020721.

[AKCA/ZELEWSKI, 2009]   Akca, Naciye / Zelewski, Stephan: Auktionen zur nationalen Reallokation von Treibhausgas-Emissionsrechten und Treibhausgas-Emissionsgutschriften auf Unternehmensebene. Berlin: Gabler Verlag, 2009. ISBN: 978-3834911599.

[ANASTAS/WARNER, 1998]   Anastas, Paul T.; Warner, John C.: Green Chemistry: Theory and Practice. New York (USA): University Press,1998, S. 30. ISBN: 978-0198506980.

[ANDERS, 2002]   Anders, Günther: Die Antiquiertheit des Menschen 1: Über die Seele im Zeitalter der zweiten industriellen Revolution. München: C.H. Beck, 2. Auflage, 2002. ISBN: 978-3406476440.

[BARZ, 2010]   Barz, Evelyn: Untersuchungen zur Gleichstellung von Mann und Frau am Arbeitsplatz. München: GRIN-Verlag, 2010. ISBN: 978-3640723898.

[BAUA, 2008]   Bundesanstalt für Arbeitsschutz und Arbeitsmedizin: Einfaches Maßnahmenkonzept für Gefahrstoffe: EMKG, Version 2.1 und Schutzleitfäden; Stand 05.11.2008.

[BERGER/FINKBEINER, 2010]   Berger, Markus / Finkbeiner, Matthias: Correlation analysis of life cycle impact assessment indicators measuring resource use. In: International Journal of Life Cycle Assessment (2010) Nr. 16, S. 74-81.

[BETZ, 2011]   Betz, Gregor: Descartes' "Meditationen über die Grundlagen der Philosophie": Ein systematischer Kommentar. Stuttgart: Reclam, 2011. ISBN: 978-3150188286.

[BfR, 2007]   Bundesinstitut für Risikobewertung: Verbraucherinfo: REACH
                    - Die neue Chemikalienpolitik in Europa. Berlin: BfR-
                    Pressestelle, 2007.

[BILYK, 2012]   Bilyk, Barbara: Eine Analyse des Wertschöpfungspotenzials
                    nachhaltiger Maßnahmen. München: GRIN-Verlag, 2012.
                    ISBN: 978-3656099505.

[BITKOM, 2011]   Bundesverband Informationswirtschaft, Telekommunikation
                    und neue Medien e.V.: Entwicklungsperspektiven des Um-
                    weltzeichens Blauer Engel, Stellungnahme vom 15. Septem-
                    ber 2011, Berlin: 2011.

[BMFSFJ, 2007]   Bundesministerium für Familie, Senioren, Frauen und Ju-
                    gend: Wege zur Gleichstellung heute und morgen. Berlin:
                    Eigenverlag, 2007.

[BMU, 2010]   Bundesministerium für Umwelt, Naturschutz und Reaktorsi-
                    cherheit: Grundsätze zur Vergabe des Umweltzeichens Blau-
                    er Engel. Berlin, Juni 2010

[BOLZ, 2005]   Bolz, Hermann R.: Nachhaltigkeit: eine weitere Worthülse
                    oder ein wirksamer Beitrag zur Verringerung der Ontologi-
                    schen Differenz? Norderstedt: Books on Demand GmbH,
                    2005. S. 9. ISBN: 978-3833428128.

[BOOS/PRIERMEIER,   Boos, Evelyn / Priermeier, Thomas: Gewinnchance Klima-
2008]   wandel: Investitionsmöglichkeiten und Anlagestrategien.
                    Wien: Linde Verlag, 2008. ISBN: 978-3709302163.

[BORCH-JACOBSEN,   Borch-Jacobsen, Mikkel: Big Pharma: Wie profitgierige Unter-
2015]   nehmen unsere Gesundheit aufs Spiel setzen. München:
                    Piper ebooks, 2015. ISBN: 9783492969291.

[BOSSEL, 1999]   Bossel, Hartmut: Indicators for Sustainable Development:
                    Theory, Method, Applications. IISD International Institute for
                    Sustainable Development, Winnipeg, Manitoba, 1999, ISBN
                    1-895536-13-8.

[BPB, 2003]   Erwerbstätigkeit von Frauen und Kinderbetreuungskultur in
                    Europa. Bundeszentrale für politische Bildung (Hrsg.) In: Aus
                    Politik und Zeitgeschichte, B44/2003.

[BRAUN-THÜRMANN, 2005]	Braun-Thürmann, Holger: Soziologie der Innovation. Themen der Soziologie. Bielefeld: Transcript Verlag, 2005. ISBN: 978-3899422917.
[BRINGEZU/SCHÜTZ, 2008]	Bringezu, Stefan / Schütz, Helmut: Auswirkungen eines verstärkten Anbaus nachwachsender Rohstoffe im globalen Maßstab. In: Technikfolgenabschätzung Theorie und Praxis. 17 (2008) Nr. 2, S. 12-23.
[BUND, 2007]	Bund für Umwelt und Naturschutz: Aluminium - Leichtgewicht mit schweren Folgen. In: BUND-Ökotipps, Ausgabe September 2007.
[BUND, 2014]	Bund für Umwelt und Naturschutz Regionalverband Südlicher Oberrhein: Umweltzertifikat EMAS, ISO 14001 und ISO 14025: Zertifizierungswahnsinn für AKW und umweltgefährdende Firmen - Geschickte Täuschung: Umweltzertifikat EMAS und ISO 14001 für umweltgefährdende Firmen, Atomkonzerne und Atomanlagen. http://www.bund-rvso.de/umweltzertifikat-emas-iso-14001.html, Zugriff: 17.10.2015.
[BUNDESREGIERUNG, 2012]	Bundesregierung: Nationale Nachhaltigkeitsstrategie - Fortschrittsbericht 2012. Berlin, 2012.
[[BUNKE, et. al., 2010]	Bunge, Dirk, et. al.: Entwicklung von Kriterien und Methoden für nachhaltige Chemikalien. Endbericht zum Forschungsvorhaben FKZ: 3708 65 402. Freiburg: Bericht für das Umweltbundesamt, 2010.
[BURGER, 2011]	Burger, Markus: Kritische Analyse des Sustainability Reportings von Energieversorgungsunternehmen. München: GRIN-Verlag, 2011. ISBN: 978-3656092070.
[BUTZENGEIGER/ HORSTMANN, 2004]	Butzengeiger, Sonja / Horstmann, Britta: Meeresspiegelanstieg in Bangladesch und den Niederlanden - ein Phänomen, verschiedene Konsequenzen. Berlin: Germanwatch, 2004.
[CALCAS, 2009]	Coordination Action for Innovation in Life-Cycle Analysis for Sustainability. http://www.calcasproject.net, Zugriff: 01.10.2013

[CANSIER, 1996]   Cansier, Dieter: Umweltökonomie. Stuttgart: UTB- Verlag, 2.
                         Auflage, 1996. ISBN: 978-3825217495. S. 343

[COENEN, 2000]   Coenen, Reinhard: Konzeptionelle Aspekte von Nachhaltig-
                         keitsindikatorensystemen, in: TA-Datenbank- Nachrichten, 9
                         (2000) Nr. 2, S. 47-53.

[CONNECAT, 2006]   Kompetenznetzwerk Katalyse: Katalyse: eine Schlüsseltech-
                         nologie für nachhaltiges Wirtschaftswachstum - Roadmap der
                         deutschen Katalyseforschung. Frankfurt am Main: Gesellschaft
                         für Chemische Technik und Biotechnologie e.V., 2. Auflage,
                         2006.

[CSD, 2012]   Commission on Sustainable Development:
                         http://sustainabledevelopment.un.org/csd.html, Zugriff:
                         14.10.2012

[DADDI/IRALDO/ TES-   Daddi, Tiberio / Iraldo, Fabio / Testa, Francesco: Environmen-
TA, 2015]   tal Certification for Organisations and Products: Management
                         approaches and operational tools. London: Routledge, 2015.
                         ISBN: 9781317665670.

[DALLMUS, 2014]   Dallmus, Alexander: Wie umweltfreundlich sind Kaffee-
                         Kapseln? München: Bayerischer Rundfunk, Beitrag vom
                         05.08.2014.

[DANIEL-   Danielli, Giovanni / Backhaus, Norman / Laube, Patrick: Wirt-
LI/BACKHAUS/LAUBE,   schaftsgeografie und globalisierter Lebensraum: Lerntext,
2009]   Aufgaben mit Lösungen und Kurztheorie. Wernetshausen
                         (CH): Compendio Bildungsmedien, 3. Auflage, 2009. ISBN:
                         978-3715593678.

[DEUTSCHER BUN-   Deutscher Bundestag: Perspektiven für Deutschland - Natio-
DESTAG, 2002]   nale Strategie für eine nachhaltige Entwicklung. BT-Drs.
                         14/8953. Berlin, 2002.

9. Literaturverzeichnis

[DEUTSCHE BUN-DESREGIERUNG, 2011]	Bundesregierung: Nachhaltigkeitsstrategie für Deutschland - Dialog Nachhaltigkeit. Website der Bundesregierung. [Online] Presse- und Informationsamt der Bundesregierung, 2011. [Zitat vom: 28. 03 2011.] http://www.bundesregierung.de/Webs/Breg/nachhaltigkeit/DE/Startseite/Startseite.html.
[DIN, 2009]	Deutsches Institut für Normung e.V.: Umweltmanagement - Ökobilanz - Grundsätze und Rahmenbedingungen. Berlin: Beuth-Verlag, 2009. DIN EN ISO 14040:2009-11.
[DI GUILIO, 2003]	Di Giulio, Antonietta: Die Idee der Nachhaltigkeit im Verständnis der Vereinten Nationen Anspruch, Bedeutung und Schwierigkeiten. Münster, Hamburg, Berlin, London: LIT Verlag. 1. Auflage, 978-3825868888, S. 73.
[DIE WELT, 2007]	Eine Milliarde Raucher-Tote in diesem Jahrhundert. Axel Springer AG (Hrsg.), Ausgabe vom 02.07.2007.
[DIE ZEIT, 2003]	Rauchen muss noch teurer werden. Zeitverlag Gerd Bucerius GmbH & Co. KG (Hrsg.), Ausgabe vom 05.06.2003.
[DIE ZEIT, 2005]	Rauchen tötet - den Urwald. Zeitverlag Gerd Bucerius GmbH & Co. KG (Hrsg.), Ausgabe vom 06.06.2005.
[DRUCKER, 2006]	Drucker, Peter F.: The Practice of Management. New York: Harper Business Verlag, 3. Auflage, 2006. ISBN: 978-0060878979.
[DUDEN, 2013]	o.V.: Duden Wirtschaft von A bis Z: Grundlagenwissen für Schule und Studium, Beruf und Alltag. Mannheim: Bibliographisches Institut, 5. Auflage, 2013. ISBN: 978-3411709656.
[DURTH/KÖRNER/MICHAELOWA, 2002]	Durth, Rainer / Körner, Heiko / Michaelowa, Katharina: Neue Entwicklungsökonomik. Stuttgart, UTB, 2002. ISBN: 978-3825223069.
[EU-KOMMISSION, 2007]	The Montreal Protocol. Kommission der Europäischen Gemeinschaften (Hrsg.). Luxemburg, 2007. ISBN: 978-9279053894.

[FINKBEINER3, et.al.   Finkbeiner, Matthias, et al.: Defining the baseline in social life
2010]   cycle assessment. International Journal of Life Cycle Assess-
                         ment. (2010) Nr.15, S. 376-384.

[FISCHER, 2007]   Fischer, Thomas B.: Theory and Practice of Strategic Environ-
                         mental Assessment: Towards a More Systematic Approach.
                         London (UK): Earthscan, 2007. ISBN: 978-1844074525.

[FLECHTNER, 2015]   Flechtner, Jakob: Die Entwicklung von EMAS in Deutschland
                         im Jahr 2014. Berlin: Deutscher Industrie- und Handelskam-
                         mertag, 2015.

[FLEISCHER/ GRUN-   Fleischer, Torsten / Grunwald, Armin: Technikgestaltung für
WALD, 2002]   mehr Nachhaltigkeit - Anforderungen an die Technikfolgenab-
                         schätzung. In: Grunwald, Armin (Hrsg.): Technikgestaltung für
                         eine nachhaltige Entwicklung, Band 4. Berlin: Edition Sigma.
                         ISBN: 978- 3894045746.

[FREUDENTHALER,   Freudenthaler, Karl: Der CO_2-Emissionshandel: Bedeutung für
2007]   die Gesamtwirtschaft und für einzelne Unternehmen. Hamburg:
                         Diplomica Verlag, 2. Auflage, 2007. ISBN: 978-3836652285.

[FRITSCH, 2004]   Fritsch, Michael: Marktdynamik und Innovation. Berlin: Duncker
                         & Humblot, 2004. ISBN: 978-3428113750.

[FU BERLIN, 2012]   http://userpage.chemie.fu- ber-
                         lin.de/ tlehmann/krebs/verpflichtungen-ersatzstoffe.html, Zu-
                         griff: 23.10.2012

[FUSSLER, 1999]   Fussler, Claude: Die Öko-Innovation. Stuttgart: Hirzel, 1999.
                         ISBN: 978-3777608747.

[GASSNER/WINKEL-BRANDT/BERNOTAT, 2005]	Gassner, Erich / Winkelbrandt, Arnd / Bernotat, Dirk: UVP und strategische Umweltprüfung: Rechtliche und fachliche Anleitung für die Umweltverträglichkeitsprüfung (Praxis Umweltrecht). Heidelberg: C.F. Müller, 2005. ISBN: 978-3811432482. S. 366.
[GEHRLEIN, 2004]	Gehrlein, Ulrich: Nachhaltigkeitsindikatoren zur Steuerung kommunaler Entwicklung. Indikatoren und Nachhaltigkeit. Wiesbaden: Vs Verlag, 2004. ISBN: 978-3531142821. S. 241.
[GEHRLEIN, 2013]	Gehrlein, Ulrich: Nachhaltigkeitsindikatoren zur Steuerung kommunaler Entwicklung. Berlin: Springer-Verlag, 2013, S. 167. ISBN: 9783322971142.
[GIEGRICH, 1991]	Giegrich, Jürgen: Ansätze zur Bewertung von Konzepten und Maßnahmen in der Abfallwirtschaft. Studie im Auftrag des Büros für Technikfolgenabschätzung beim Deutschen Bundestag. Heidelberg: Eigenverlag, 1991.
[GIEGRICH, 1995]	Giegrich, Jürgen: Die Bilanzbewertung in produktbezogenen Ökobilanzen. In: Schmidt, Mario; Schorb, Achim: Stoffstromanalysen in Ökobilanzen und Öko-Audits. Berlin: Springer-Verlag, 1995.
[GIEGRICH, 2011]	Institut für Energie- und Umweltforschung Heidelberg GmbH: Assistenz bei der Evaluierung von Strategien zur Chemikaliensicherheit und Weiterentwicklung einer nachhaltigen Chemie in Deutschland. Heidelberg, 2011.
[GOLDSCHMIDT/ WOHLGEMUTH, 2004]	Goldschmidt, Nils / Wohlgemuth, Michael: Die Zukunft der Sozialen Marktwirtschaft - Sozialethische und ordnungsökonomische Grundlagen. Tübingen: Mohr Siebeck Verlag, 2004. ISBN: 978-3161482960.
[GRAUBNER/HÜSKE, 2003]	Graubner, Alexander / Hüske, Katja: Nachhaltigkeit im Bauwesen. Grundlagen - Instrumente - Beispiele. Berlin: Ernst & Sohn Verlag, 2003. ISBN: 978- 3433015124.
[GREENPEACE, 2013]	Greenpeace International: Certifying Destruction - Why consumer companies need to go beyond the RSPO to stop forest destruction. Amsterdam: Eigenverlag, 2013.

[GROBER, 2001]   Grober, Ulrich: Hans Carl von Carlowitz. Ein Freiberger Ober-
                      berghauptmann prägte 1713 den Begriff Nachhaltigkeit, in:
                      Mitteilungen des Freiberger Altertumsvereins, 87. Heft, 2001,
                      S. 13-31.

[GROBER, 2010]   Grober, Ulrich: Die Entdeckung der Nachhaltigkeit. Kulturge-
                      schichte eines Begriffs. München: Kunstmann, 3. Auflage,
                      2010. ISBN: 978-3888976483.

[GRUNWALD/   Grunwald, Armin / Kopfmüller, Jürgen: Nachhaltigkeit. Frankfurt
KOPFMÜLLER, 2006]   a. M. / New York: Campus Verlag, 2006. S. 8-9. ISBN: 978-
                      3593379784.

[GRUNWALD/   Grunwald, Armin / Kopfmüller, Jürgen: Nachhaltigkeit. Frank-
KOPFMÜLLER, 2012]   furt/New York (USA): Campus Verlag, 2. Auflage, 2012. ISBN:
                      978-3593379784.

[GRUPEN/STROH/   Grupen, Claus / Stroh, Til/ Werthenbach, Ulrich: Grundkurs
WERTHENBACH,   Strahlenschutz. Berlin: Springer Verlag, 3. Auflage, 2008.
2008]   ISBN: 987-3540008276.

[GUINEE, 2002]   Guinee, Jeroen B.: Handbook on Life Cycle Assessment -
                      Operational Guide to the ISO Standards. Berlin: Springer Ver-
                      lag, 2002. ISBN: 978-1402002281

[GUTSCHE, 2011]   Gutsche, Phillipp: Entwicklungsszenarien des globalen Primär-
                      energieverbrauchs. München: GRIN-Verlag, 2011. ISBN: 978-
                      3640922239.

[HAK/MOLDAN/DAHL,   Hak, Tomas / Moldan, Bedrich / Dahl, Arthur Lyon: Sustainabili-
2007]   ty Indicators: A Scientific Assessment. Washington D. C.
                      (USA): Island Press, 1. überarbeitete Auflage, 2007. ISBN:
                      978-1597261302.

[HANSEN, 2008]   Hansen, Hendrik: Politik und wirtschaftlicher Wettbewerb in der
                      Globalisierung. Berlin: VS Verlag, 2008. ISBN: ISBN 978-
                      3531157221. S. 147

[HANSMANN, 2007]   Hansmann, Uwe: Organisation und Zuständigkeiten beim
                      Verwaltungsvollzug im europäischen Stoffrecht. Hamburg:
                      Verlag Dr. Kovac, 2007. ISBN: 978-3830028215.

[HARDES/UHLY, 2007]   Hardes, Heinz-Dieter/ Uhly, Alexandra: Grundzüge der Volks-
                          wirtschaftslehre. München: Oldenbourg Wissenschaftsverlag,
                          9. Auflage, 2007. ISBN: 978- 3486585575.

[HARTMANN-   Hartmann-Schüler, Martin: Die Zukunft des Wassers - Motive
SCHÜLER, 2011]   und Ansätze für eine nachhaltige Entwicklung. München,
                         GRIN-Verlag, 2011.

[HASEL/SCHWARTZ,   Hasel, Karl / Schwartz, Ekkehard: Forstgeschichte. Ein Grund-
2002]   riss für Studium und Praxis. Remagen: Kessel, 2002. ISBN: 3-
                         935638-26-4.

[HAUFF, 1987]   Hauff, V.: Unsere gemeinsame Zukunft. Der Brundtland-Bericht
                         der Weltkommission für Umwelt und Entwicklung. Greven:
                         Eggenkamp Verlag, 1987. ISBN: 3-923166-16-8.

[HAUSTEIN/ GRONE-   Haustein, Knut-Olaf / Groneberg, David: Tabakabhängigkeit -
BERG, 2008]   Gesundheitliche Schäden durch das Rauchen. Ursachen -
                         Folgen - Behandlungsmöglichkeiten - Konsequenzen für Politik
                         und Gesellschaft. Berlin: Springer Verlag, 2. Auflage, 2008.
                         ISBN: 978-3540733089.

[HBS, 2012]   Frauen nicht nur beim Gehalt im Nachteil: Pressemeldung der
                         Hans-Böckler-Stiftung vom 07.03.2012

[HEINRICH, 2000]   Heinrich, Joachim: Mögliche Wirkungsmechanismen von Die-
                         selruß und anderen Partikeln. In: Feinstaub - Die Situation in
                         Deutschland nach der EU-Tochter-Richtlinie. WaBoLu Heft
                         2/00, Umweltbundesamt Eigenverlag, Berlin, 2000.

[HEMSTREIT, 2006]   Hemstreit, Simon: Der Treibhauseffekt: Verursacher und Ver-
                         hinderungsmöglichkeiten. München: GRIN-Verlag, 2006. ISBN:
                         978-3640404926.

[HENNICKE/SCHULER/   Hennicke, Peter / Schuler, Hartmut / Weizsäcker, Ernst U.:
WEIZSÄCKER, 1997]   Effizienz gewinnt. Stuttgart: Hirzel Verlag, 1997. ISBN: 978-
                         3777610573.

[HERMANN, 2009]   Hermann, Christoph: Ganzheitliches Life Cycle Management:
                         Nachhaltigkeit und Lebenszyklusorientierung in Unternehmen.
                         Berlin: Springer-Verlag, 2009. ISBN: 978-3642014208.

[HERRING, 2000]   Herring, Horace: Is Energy Efficiency Environmentally

Friendly?, Energy & Environment 11 (2000), Nr. 3, S. 313325.

[HERSTATT/ VER-   Herstatt, Corneluis / Verworn, Birgit: Management der frühen
WORN, 2007]   Innovationsphasen: Grundlagen - Methoden - Neue Ansätze.
Berlin: Gabler Verlag, 2. Auflage, 2007. ISBN: 978-
3834903754.

[HOLTMANN et.al.,   Holtmann, Dieter et.al.: Die Sozialstruktur der Bundesrepublik
2012]   Deutschland im internationalen Vergleich. Potsdam: Universitätsverlag Potsdam, 7. Auflage, 2012. ISBN: 978-3869561653.

[HOMMEL, 2003]   Hommel, Ulrich / Scholich, Martin / Baecker, Phillipp: Reale
Optionen. Berlin: Springer, 2003. ISBN: 978-3540019817.

[HÜBNER, 2001]   Hübner, Heinz: Integratives Innovationsmanagement. Berlin:
Erich Schmidt Verlag, 2001. ISBN: 978-3503060962.

[HULPKE/KOCH/   Hulpke, Herwig / Koch, Herbert A. / Nießner, Reinhard:
NIESSNER, 2000]   RÖMPP Lexikon Umwelt. Stuttgart: Georg Thieme Verlag, 2.
Auflage, 2000. ISBN: 978- 3131795823.

[HUMANN, 1977]   Humann, Klaus: Atommüll oder der Abschied von einem teuren
Traum. Reinbek bei Hamburg: Rowohlt, 1977. ISBN 3-499-
14117-5.

[IMBUSCH/RUCHT,   Imbusch, Peter / Rucht, Dieter: Profit oder Gemeinwohl?:
2007]   Fallstudien zur gesellschaftlichen Verantwortung von Wirt-
schaftseliten. Berlin: Springer-Verlag, 2007, S. 248. ISBN:
9783531155074.

[INGERWOSKI, 2010]   Ingerowski, Jan Boris: Die REACH-VO. Baden-Baden: Nomos
Verlagsgesellschaft, 2010. S. 63. ISBN: 978-3-8329-5314-0.

[JÄNICKE/CARIUS/   Jänicke, Martin / Carius, Alexander / Jörgens, Helge: Nationale
JÖRGENS, 1997]   Umweltpläne in ausgewählten Industrieländern. Berlin: Springer, 1997. ISBN: 978- 3540636441.

[JONES, 2008]   Jones, Rhys: A Sustainability Assessment of the International
Association of Impact Assessment. The Art and Science of
Impact Assessment. 28th Annual Conference of the Internatio-
nal Association for Impact Assessment, 04.-10.05.2008, Perth
(AUS).

[JORGENSEN/ HER-   Jorgensen, Andreas / Hermann, Ivan T. / Mortensen, Jorgen

MANN/ MORTENSEN, 2010]	B.: Is LCC relevant in a Sustainable Assessment? International Journal of Life Cycle Assessment (2010), Nr. 15, S. 531-532.
[JÜDES, 1997]	Jüdes, U.: Nachhaltige Sprachverwirrung. Politische Ökologie. 52 (1997), S. 26-29.
[LAUTERBACH, 2015]	Lauterbach, Karl: Die Krebs-Industrie: Wie eine Krankheit Deutschland erobert. Berlin: Rowohlt Verlag, 2015. ISBN: 9783644119512.
[LEHMANN, 2013]	Lehmann, Annekatrin: Lebenszyklusbasierte Nachhaltigkeits-analyse von Technologien - am Beispiel eines Projekts zum Integrierten Wasserressourcenmanagement. Dissertation, Technische Universität Berlin, 2013.
[KASPER/SCHLENK, 2003]	Kasper, Heinrich / Schlenk, Margit: Adipositas. Eschborn: Govi-Verlag, 1. Auflage, 2003. ISBN: 978- 3774109780.
[KASTILAN, 2015]	Kastilan, Sonja: Der Regenwald, aufs Brot geschmiert. In: Frankfurter Allgemeine Sonntagszeitung vom 27.09.2015, Frankfurt.
[KELLER/SEIFERT, 2007]	Keller, Berndt / Seifert, Hartmut: Atypische Beschäftigung - Flexibilisierung und soziale Risiken. Berlin: Edition Sigma, 2007. ISBN: 978-3836086813.
[KEMM/PARRY/ PALMER, 2004]	Kemm, John / Parry, Jayne / Palmer, Stephen: What is HIA? Introduction and overview. In: Health impact assessment. Oxford: Oxford University Press, 2004. ISBN: 0198526296, S. 113.
[KEMPMANN, 2004]	Kempmann, Markus: Das geringfügige Beschäftigungsverhält-nis. München, GRIN-Verlag, 2004. ISBN: 978-3638300278.
[KIEFER, 1996]	Kiefer, Karl-Werner: Grundwasserschadensfälle durch Boden-kontaminationen. Taunusstein: Blottner Verlag, 1996. ISBN: 978-3893670659.

[KIRNER, 1980]   Kirner, Ellen: Ursachen für die Unterschiede in der Ho'he der
                        Versichertenrenten an Frauen und an Männer in der gesetzli-
                        chen Rentenversicherung. Berlin: Duncker & Humblot, 1980.
                        ISBN: 978-3428047086.

[KITTEL/REUL, 2005]   Kittel, H. / Reul, H.: Lehrbuch der Lacke und Beschichtungen.
                        In: Produkte für das Bauwesen, Beschichtungen, Bauklebstof-
                        fe, Dichtstoffe. Bd. 7. Stuttgart: S. Hirzel Verlag, 2. Auflage,
                        2005.

[KLEIN, 2011]   Klein, Daniel R.: Umweltinformation im Völker- und Europa-
                        recht: aktive Umweltaufklärung des Staates und Informations-
                        zugangsrechte des Bürgers. Tübingen: Mohr Siebeck, 2011.
                        ISBN: 9783161507106, S. 206.

[KLÖPFFER/GRAHL,   Klöpffer, Walter / Gral, Birgit: Ökobilanz (LCA): Ein Leitfaden
2012]   für Ausbildung und Beruf. Hoboken (USA): John Wiley & Sons,
                        2012. ISBN: 9783527659920.

[KLÖPFFER/RENNER,   Klöpffer, Walter / Renner, Isa: Lebenszyklusbasierte Nachhal-
2007]   tigkeitsbewertung von Produkten. In: Technikfolgenabschät-
                        zung - Theorie und Praxis 16 (2007), Nr. 3, S. 32-38

[KNEUPER, et.al.,   Kneuper, Frank et.al.: Internationalisierung deutscher Unter-
2011]   nehmen: Strategien, Instrumente und Konzepte für den Mittel-
                        stand. Berlin: Gabler Verlag, 2. Auflage, 2011. ISBN: 978-
                        3834923301.

[KOCH/MONßEN, 2006]   Koch, Lars / Monßen, Melanie: Kooperative Umweltpolitik und
                        nachhaltige Innovationen. Das Beispiel der chemischen Indust-
                        rie. Heidelberg: Physica Verlag, 2006. ISBN: 3-7908-1660-4.

[KOEHLER/MATHES/   Koehler, Hartmut / Mathes, Karin / Breckling, Broder: Boden-
BRECKLING, 1999]   ökologie interdisziplinär. Berlin: Springer Verlag, 1999. ISBN:
                        978-3540661726.

[KOLECZKO, 2009]   Koleczko, Paul: Kann der Markt alles regeln? Prinzipien des
                        neoliberalen Kapitalismus, die neue Finanzmarktarchitektur
                        und ihre Auswirkungen auf das Wirtschaftssystem. München:
                        GRIN-Verlag, 2009. ISBN: 978-3640391011.

[KÖLSCH, 2011]   Kölsch, Daniela: Sozioökonomische Bewertung von Chemika-
                        lien. Karlsruhe: KIT Scientific Publishing, 2011. ISBN: 978-
                        3866446298.

[KOPFMÜLLER/   Kopfmüller, Jürgen / Brando, Volker / Jörissen, Juliane: Nach-
BRANDL/JÖRISSEN,   haltige Entwicklung integrativ betrachtet - Konstitutive Elemen-
2001]   te, Regeln, Indikatoren. Global zukunftsfähige Entwicklung -
                        Perspektiven für Deutschland. Band 1. Berlin: Edition Sigma,
                        2001. ISBN: 978-3894045715.

[KORFF, 1995]   Korff, Rüdiger: Umweltethik, In: Junkernheinrich, Martin /
                        Klemmer, Paul / Wagner, Gerd R. (Hrsg.): Handbuch zur Um-
                        weltökonomie. Lüdenscheid: Analytica, 1995. ISBN: 978-3-929-
                        34210-9. S. 278-284

[KÖRTNER, 1988]   Körtner, Ulrich H. J.: Weltangst und Weltende. Eine theologi-
                        sche Interpretation der Apokalyptik. Göttingen: Vandenhoeck &
                        Ruprecht, 1988. ISBN: 978-3525561782, S. 136.

[KÜSTER, 2012]   Küster, Hansjörg: Die Entdeckung der Landschaft: Einführung
                        in eine neue Wissenschaft. München: C.H.Beck, 2012. ISBN:
                        9783406637032.

[KREBS, et. al., 2009] Krebs, Lutz F., et al.: Globale Zivilgesellschaft: Eine kritische
                        Bewertung von 25 Akteuren. Norderstedt: Books on Demand,
                        2009. S. 341. ISBN: 978- 3839109915.

[KRIEG/JANIAK, 2004]   Krieg, Benno / Janiak, Christoph: Chemie für Mediziner. Berlin:
                        De Gryuter, 7. Auflage, 2004. ISBN: 978-3110179996

[KUHN, 2010]   Kuhn, Andrea: REACH - Das neue europäische Regulierungs-
                        system für Chemikalien. Berlin: Lexxion Verlagsgesellschaft
                        mbH, 2010. ISBN: 978-3-86965-131-6.

[KÜMMERER/   Kümmerer, Klaus / Schramm, Engelbert: Arnzeimittelentwick-
SCHRAMM, 2008]   lung: Die Reduzierung von Umweltbelastungen durch gezieltes
                        Moleküldesign. In: Umweltwissenschaften und Schadstofffor-
                        schung, (2008), Nr. 20, S. 249-263.

[KUNZE, 2007]   Kunze, Marco: Konzeption und Bedeutung der Nutzwertanaly-
                         se für die öffentliche Verwaltung. München: GRIN-Verlag, 1.
                         Auflage, 2007. ISBN: 978- 3638802079.

[LAG NRW, 2008]   Landesarbeitsgemeinschaft Agenda 21 NRW e.V.: Jahresta-
                         gung der LAG 21 NRW. Agendaaktiv Rundbrief, Nr. 01/08.

[LAHL/HAWXWELL,   Lahl, Uwe / Hawxwell, Anne: REACH - The new European
2006]   chemicals law. in: Environmental Science & Technology (2006)
                         S. 7115-7121.

[LARISCH, 2009]   Larisch, Joachim: Arbeitsschutz und ökonomische Rationalität:
                         Ansätze und Grenzen einer „Verbetrieblichung" von Sicherheit
                         und Gesundheitsschutz. Berlin: Edition Sigma, 1. Auflage,
                         2009. ISBN: 978-3894045661. S. 109 ff.

[LEHDER/SKIBA, 2005]   Lehder, Günter / Skiba, Reinald: Taschenbuch Arbeitssicher-
                         heit. Berlin: Erich Schmidt Verlag, 11. Auflage, 2005. ISBN:
                         978-3503083213.

[LIEPACH/SIXT/IRREK,   Liepach, Katharina / Sixt, Julia / Irrek, Wolfgang: Kommunale
2003]   Nachhaltigkeitsindikatoren: vom Datenfriedhof zur zentralen
                         Steuerungsinformation. Wuppertal, 2003.

[LIVIC, 2007]   Livic, Maja: Bedeutung familienpolitischer Maßnahmen der
                         Bundesregierung für eine familienbewusste Personalpolitik.
                         München: GRIN-Verlag, 2007. ISBN: 978-3638847827.

[LLORED, 2014]   Llored, Jean-Pierre: The Philosophy of Chemistry: Practices,
                         Methodologies, and Concepts. Newcastle: Cambridge Scholars
                         Publishing, 2014, S. 652. ISBN: 9781443867948.

[LOB, 2007]   Lob, Günter: Prävention von Verletzungen: Risiken erkennen,
                         Strategien entwickeln - eine ärztliche Aufgabe. Stuttgart:
                         Schattauer, 1. Auflage, 2007. ISBN: 978-3794525812.

[MACHNIG, 2011]   Machnig, Matthias: Welchen Fortschritt wollen wir? Neue Wege
                         zu Wachstum und sozialem Wohlstand. Frankfurt/M.: Campus
                         Verlag, 2011. ISBN: 978-3593396040.

[MAJER, 2004]	Majer, Helge: Nachhaltigkeit - was bedeutet das? In: Ulmer Initiativkreis nachhaltige Wirtschaftsentwicklung e.V., 12/2004.
[MARBURGER/DAHM, 2008]	Marburger, Horst / Dahm, Dirk: Krank durch den Beruf: Ansprüche bei Berufskrankheiten erkennen, begründen und durchsetzen. Regensburg: Walhalla Fachverlag, 1. Auflage, 2008. ISBN: 978-3802974137.
[MARX, 1968]	Marx, Karl / Engels, Friedrich: „Karl Marx-Friedrich Engels-Werke". Bd. 23 „Das Kapital", Bd. 1. Berlin: Dietz Verlag, 1968, S. 591.
[MASLOW, 1978]	Maslow, Abraham H.: Motivation und Persönlichkeit. Olten (CH): Walter Verlag, 2. Auflage, 1978. ISBN: 978-3530544404.
[MATTEN, 1998]	Matten, Dirk. 1998. Management ökologischer Unternehmensrisiken - Zur Umsetzung von Sustainable Development in der reflexiven Moderne. Stuttgart: M&P Verlag für Wissenschaft und Forschung, 1998. ISBN: 3791055003.
[MAY/MAY, 2006]	May, Ulla / May, Hermann: Wirtschaftsbürger-Taschenbuch: Wirtschaftliches und rechtliches Grundwissen. München: Oldenbourg Wissenschaftsverlag, 7. Auflage, 2006. ISBN: 978-3486578096.
[MEADOWS, et.al., 1972]	Meadows, Donella H. et.al.: The Limits of Growth. New York: Universe Books, 1972. ISBN: 978-0451057679.
[MEADOWS/ RANDERS, 1992]	Meadows, Donella H. / Randers, Jorgen: Beyond the Limits: Confronting Global Collapse, Envisioning a Sustainable Future. Chelsea Green Publishing: Vermont (USA), 1992. ISBN: 978-0930031558.
[MECKLENBURG, 2010]	Mecklenburg, Katharina: Nachhaltige Entwicklung, Corporate Social Responsibility und der Fall BP. München: GRIN-Verlag, 2010. ISBN: 978-3640774357.
[MONSTADT, 2004]	Monstadt, Jochen: Netzgebundene Infrastrukturen unter Veränderungsdruck - Sektoranalyse Stromversorgung. Berlin: Deutsches Institut für Urbanistik, 2004. ISBN: 978-3881183550.

[MOOSMAYER et.al., 2015]	Moosmayer, et.al: Systematisches Umweltmanagement: Mit EMAS Mehrwert schaffen - Die Unterschiede zwischen EMAS und ISO 14001. Berlin: Geschäftsstelle des Umweltgutachterausschusses, 2015.
[MOSER/ RUSTERHOLZ, 2004]	Moser, Rupert / Rusterholz, Peter: Abfall. München: Beck Verlag, 2004. ISBN: ISBN 978-3906770918.
[MÜCKE, et.al., 2009]	Mücke, Wolfgang: Analytik und Mutagenität von verkehrsbedingtem Feinstaub: PAK und Nitro-PAK. München: Herbert Utz Verlag, 2009. ISBN: 978- 3831609413.
[MÜLLER, 1998]	Wiggering, Hubert / Müller, Felix (Hrsg.): Umweltziele und Indikatoren. Technische Anforderungen an ihre Festlegung und Fallbeispiele. Geowissenschaften und Umwelt. Berlin, Heidelberg: Springer Verlag, 2004. ISBN: 3-540-43307-4.
[NAIR, 2011]	Nair, Chandran: Der große Verbrauch - Warum das Überleben unseres Planeten von den Wirtschaftsmächten Asiens abhängt. München: Riemann Verlag, 2011. ISBN: 978-3570501368.
[NAS, 1996]	Nas, T. F.: Cost-Benefit-Analysis: Theory and Application. Thousand Oaks (USA): Sage Publications, 1996. ISBN: 978-0803971332.
[NESTLE, 2010]	Nestle Nespresso S.A.: Verbesserung unserer Verpackungslösung. http://www.nespresso.com/ecolaboration/de/de/article/9/1888/capsules.html, Zugriff: 03.11.2015.
[NICOLAI, 2014]	Nicolai, Birger: Wir produzieren 4000 Tonnen Kaffeekapsel-Müll. Die Welt, Beitrag vom 08.01.2015.
[NORDBECK/FAUST, 2002]	Nordbeck, Ralf / Faust, Michael: Innovationswirkungen der europäischen Chemikalienregulierung: Eine Bewertung des EU-Weißbuchs für eine zukünftige Chemikalienpolitik. In: Zeitschrift für Umweltpolitik und Umweltrecht. (2002), Nr. 25, S. 535-565.
[OCHS/ORBAN, 2007]	Ochs, Matthias / Orban, Rainer: Familie und Beruf: „Work-Life-Balance" für Väter. Weinheim: Beltz Verlag, 2007. ISBN: 978-3407229014.

[OECD, 2009]	OECD: OECD Insights: Nachhaltige Entwicklung: Wirtschaft, Gesellschaft, Umwelt im Zusammenhang betrachtet. Paris: Publishing OECD Publishing, 2009. ISBN: 978-9264055629.
[ÖKOTEST, 2011]	Ökotest: Ratgeber Bauen, Wohnen, Renovieren. Frankfurt am Main: ÖKOTEST Verlag, 2011.
[O'RIORDAN, 1996]	O'Riordan, Timothy: Umweltwissenschaften und Umweltmanagement: Ein interdisziplinäres Lehrbuch. Berlin: Springer Verlag, 1996. ISBN: 978-3540612100.
[PÄTZOLD, 2010]	Pätzold, Martin: Evaluation von Corporate Volunteering - am Beispiel des Partners in Leadership Programms. München/Ravensburg: GRIN Verlag, 2010. S. 24 ff.
[PETERS, 1984]	Peters, Wiebke: Die Nachhaltigkeit als Grundsatz der Forstwirtschaft, ihre Verankerung in die Gesetzgebung und ihre Bedeutung in der Praxis: die Verhältnisse in der Bundesrepublik Deutschland im Vergleich mit einigen Industrie- und Entwicklungsländern. Hamburg: s.n., 1984. ASIN: B003WUCB6G.
[PFAFF/SLESINA, 2001]	Pfaff, Holger / Slesina, Wolfgang: Effektive betriebliche Gesundheitsförderung. Weinheim: Beltz Juventa, 1. Auflage, 2001. ISBN: 978-3779911951.
[PIEHL/SÜSELBECK, 2011]	Piehl, Thorsten / Süselbeck, Gerhard: Abfall-Entsorgungs-Trainer: Grundlagen für die Schulung. Hamburg: Storck Verlag, 2011. ISBN: 978-3868971491.
[POLIMENI/MAYUMI/ GIAMPIETRO, 2008]	Polimeni, John M. / Mayumi, Kozo / Giampietro, Mario: The Jevons Paradox and the Myth of Resource Efficiency Improvements. London (UK): Earthscan Verlag, 2008. ISBN: 978-1844074624.
[POULSEN/ STRANDESEN, 2011]	Poulsen, Pia Brunn / Strandesen, Maria: Chemical requirements for consumer products - Part II. Austrian Ministry for Labour, Social Affairs and Consumer Protection, 2011.
[PUTZIER, 2012]	Putzer, Konrad: Der Krieg der Zukunft geht ums Wasser. In: Die Welt. Berlin: Axel Springer AG, 30.07.2012.

[RAT DER EU, 1999]   Rat der Europäischen Union: Beschluss des Rates vom 28.
                       Juni 1999 zur Festlegung der Modalitäten für die Ausübung der
                       der Kommission übertragenen Durchführungsbefugnisse.
                       Brüssel: Amtsblatt der EU, 1999. L 184/23.

[RAWLS/KELLY, 2001]   Rawls, John / Kelly, Erin: Justice as Fairness. A Restatement.
                       Cambridge (UK): Harvard University Press, 2. Auflage, 2001.
                       ISBN: 978-0674005105.

[REEKER, 2004]   Reeker, Martin: Kostenentwicklung erneuerbarer Energien:
                       Eine Erfahrungskurvenanalyse des Erneuerbare-Energien-
                       Gesetzes. Göttingen: Cuvillier Verlag, 2004. ISBN: 978-
                       3865372819.

[REFA, 1971]   Verband für Arbeitsgestaltung, Betriebsorganisation und Unter-
                       nehmensentwicklung: Methodenlehre des Arbeitsstudiums -
                       Teil 1 Grundlagen. München: Carl Hanser Verlag, 1971. ISBN:
                       987-3446142347, S. S. 43 ff.

[REHBINDER, 2003]   Rehbinder, Eckhard: §61 Allgemeine Regelungen - Chemika-
                       lienrecht. in: Hans-Werner Rengeling: Handbuch zum europäi-
                       schen und deutschen Umweltrecht. Köln: Carl Heymanns
                       Verlag, 2003, Bd. II, S. 547-625.

[REIS, 2003]   Reis, Oliver: Nachhaltigkeit - Ethik - Theologie. Eine theologi-
                       sche Beobachtung der Nachhaltigkeitsdebatte. Berlin-Münster-
                       Wien-Zürich-London: Lit Verlag, 2003. S. 215. ISBN: 978-
                       3825871659.

[RENN, et.al., 2007]   Renn, Ortwin, et al.: Leitbild Nachhaltigkeit: Eine normativ-
                       funktionale Konzeption und ihre Umsetzung. Wiesbaden: Vs-
                       Verlag, 2007. ISBN: 978-3531152752.

[RINKE/SCHWÄGERL,   Rinke, Andreas / Schwägerl, Christian: 11 drohende Kriege:
2012]   Künftige Konflikte um Technologien, Rohstoffe, Territorien und
                       Nahrung. München: C. Bertelsmann Verlag, 2012. ISBN: 978-
                       3570101209.

[RITTER, 1983]   Ritter, Gerhard A.: Sozialversicherung in Deutschland und
                       England. München, C.H. Beck Verlag, 1983. ISBN: 978-
                       3406089602.

[ROEDEL, 2000] Roedel, Walter: Physik unserer Umwelt: Die Atmosphäre. Berlin: Springer Verlag, 3. Auflage, 2000. ISBN: 978-3540671800.

[ROEDER/HENSEN, 2008] Roeder, Norbert / Hensen, Peter: Gesundheitsökonomie, Gesundheitssystem und öffentliche Gesundheitspflege: Ein praxisorientiertes Kurzlehrbuch. Köln: Deutscher Ärzte-Verlag, 1. Auflage, 2008. ISBN: 978-3769134094.

[RUTENFRANZ/ KNAUTH/ NACHREI-NER, 1993] Rutenfranz, Joseph / Knauth, Peter / Nachreiner, Friedhelm: Arbeitszeitgestaltung. In: Schmidtke, H. (Hrsg.): Ergonomie. München, Wien: Hanser Verlag 1993, S. 459-599.

[SACHS, 2006] Sachs, Wolfgang: Fair Future - Begrenzte Ressourcen und Globale Gerechtigkeit. München: C.H. Beck Verlag, 3. Auflage, 2006. ISBN: 978-3406527883.

[SALA/FARIOLI/ ZA-MAGNI, 2012] Sala, Serenella / Fariloi, Francesca / Zamagni, Alessandra: Life cycle sustainability assessment in the context of sustainability science progress (part 2), in: Int J Life Cycle Assess, 03.10.2012, S. 1-20.

[SANDERMANN, 2001] Sandermann, Heinrich: Ozon. Entstehung, Wirkung, Risiken. München: C.H. Beck, 2001. ISBN: 978-3406447501.

[SANDHÖVEL, 2003] Sandhövel, Armin: Klimaschutz, Emissionshandel und Energiemanagement als strategischer Kern des Umweltmanagements bei Banken. In: ZABEL, H.-U. (Hrsg.): Theoretische Grundlagen und Ansätze einer nachhaltigen Umweltwirtschaft. Universität Halle-Wittenberg: Halle, 2003. ISBN: 978-3860106761. S. 199-213.

[SCHERINGER, 1999] Scheringer, Martin: Persistenz und Reichweite von Umweltchemikalien. Weinheim: Wiley-VCH, 1999. ISBN: 978-3527297528.

[SCHMIDT, 2007] Schmidt, Alexander: Die Nordsee - Ein Ökosystem in Gefahr? München: GRIN-Verlag, 2007. ISBN: 978-3638667265.

[SCHULTE/KÜHNEN, 2008] Schulte, Rainer / Kühnen, Thomas: Patentgesetz mit Europäischem Patentübereinkommen. München: Carl Heymanns Verlag, 8. Auflage, 2008. ISBN: 978-3452260819.

[SCHUSTER, 2010]   Schuster, Solveig: Armutsfalle Alleinerziehend?: Untersuchung
                           des Altersarmutsrisikos alleinerziehender Frauen in Deutsch-
                           land. München: GRIN-Verlag, 2010. ISBN: 978-3640654390.

[SCHUSTERSCHITZ,   Schusterschitz, Gregor: Die Komitologiereform 2006: Nach
2006]   Jahrzehnten interinstitutioneller Auseinandersetzungen mehr
                           Rechte für das Europäische Parlament. In: Europ-Blätter
                           (2006) Nr. 5, S. 176-179.

[SEIBEL, 2005]   Seibel, Steffen: Indikatoren der deutschen Nachhaltigkeitsstra-
                           tegie: Analyse von Querbeziehungen und von Ursachen für die
                           Indikatorenentwicklung mit Hilfe von Gesamtrechnungsdaten.
                           Wiesbaden: Statistisches Bundesamt, Umweltökonomische
                           Gesamtrechnungen, 2005.

[SEILER, 1995]   Seiler, Christian: Der souveräne Verfassungsstaat zwischen
                           demokratischer Rückbindung und überstaatlicher Einbindung.
                           1. Auflage. Tübingen: Mohr Siebeck, 2005. S. 130.

[SH, 2004]   Nachhaltigkeitsstrategie - Zukunftsfähiges Schleswig-Holstein.
                           Die Ministerpräsidentin des Landes Schleswig-Holstein (Hrsg.),
                           Kiel, 2004. S. 114 ff.

[SHELDON/ARENDS/   Sheldon, Roger A. / Arends, Isabel / Hanefeld, Ulf: Green
HANEFELD, 2007]   Chemistry and Catalysis. New York (USA): Wiley-VCH, 2007.
                           ISBN: 978-3-527-30715-9.

[SIEGEL, 2007]   Siegel, Thorsten: Das neue Kontrollsystem für Chemikalien
                           nach der REACH-Verordnung - ein Quantensprung im europäi-
                           schen Verwaltungsverbund? in: Zeitschrift für Europäisches
                           Umwelt- und Planungsrecht (2007) S. 106.

[SIEMENS AG, 2012]   Siemens AG: Nachhaltigkeitsbericht 2011. München, 2012.

[SMITH/SMITH, 2009]   Smith, Thomas M. / Smith, Robert L.: Ökologie - Vom Orga-
                           nismus bis zum Ökosystem. München: Addison-Wesley Verlag,
                           6. Auflage, 2009. ISBN: 978-3827373137.

[SPANGENBERG,   Spangenberg, Joachim H.: Economic sustainability of the
2002]   economy: concepts and indicators. Int. J. Sustainable Develo-
                           pment, (2005) Nr. 8.

[SPRUIT/TORTARO, 2011] Spruit, Leen / Tortaro, Pina: The Vatican Manuscript of Spinoza's Ethica". Leiden: Brill, 2011. ISBN: 978-9004209268.

[SPURGEON/ HARRINGTON/ COOPER, 1997] Spurgeon, Anne / Harrington, J. Malcolm / Cooper, Cary L.: Health and safety problems associated with long working hours: a review of the current position. J Occup Environ Med 54 (1997), S. 367-375.

[SRU, 1998] Der Rat von Sachverständigen für Umweltfragen: Umweltgutachten 1998. Stuttgart: Metzler-Poeschel, 1998. S. 93.

[SRU, 2012] Der Rat von Sachverständigen für Umweltfragen: Umweltgutachten 2012. Stuttgart: Metzler-Poeschel, 2012. S. 618.

[STATISTA, 2014] Statista GmbH: Umsätze der wichtigsten Industriebranchen in Deutschland im Jahr 2012 (in Milliarden Euro), Zugriff: http://de.statista.com/statistik/daten/studie/241480/ umfrage/umsaetze-der-wichtigsten-industriebranchen-in-deutschland/, 04.08.2014.

[STRANGE, 1997] Strange, Susan: Casino Capitalism. New York (USA): St. Martins Press, 1997. ISBN: 978-0719052354.

[STURM/VOGT, 2011] Sturm, Bodo / Vogt, Carsten: Umweltökonomik: Eine anwendungsorientierte Einführung. Heidelberg: Physica Verlag, 1. Auflage, 2011. ISBN: 978-3790826425. S. 26 f.

[SUGA, 2010] Sicherheit und Gesundheit bei der Arbeit 2009. Bundesministerium für Arbeit und Soziales (Hrsg.), Berlin, 2011.

[SWARR, et.al., 2011] Swarr, Thomas E., et. al.: Environmental life-cycle costing: a code of practice, in: The International Journal of Life Cycle Assessment (2011), Volume 16, Issue 5, S. 389-391

[TETZLAFF, 2005] Tetzlaff, Karl-Heinz: Bio-Wasserstoff: Eine Strategie zur Befreiung aus der selbstverschuldeten Abhängigkeit vom Öl. Berlin: Books on Demand, 2005. ISBN: 978-3833426162.

[THIEM, 2013] Thiem, Monika: Bildung und Globalisierung: Konsequenzen für die Elementarpädagogik. Hamburg: Diplomica Verlag, 2013. ISBN: 9783842881976.

[TRAVERSO/ FINK-BEINER, 2009]	Traverso, Marcia / Finkbeiner, Matthias: Life-Cycle Sustainability Dashboard. 4th International Conference on Life Cycle Management. Kapstadt (ZA): 06.09.-09.09.2009.
[TRGS, 2011]	TRGS 900 - Arbeitsplatzgrenzwerte. Bundesministerium für Arbeit und Soziales (Hrsg.), Berlin, 2011. GMBl. 2012, S. 715-716.
[TURRINI, 2011]	Turrini, Maximilian Angelo: Vor welche Herausforderungen stellt die aufkommende Nanotechnologie den Arbeitsschutz in Österreich und der Europäischen Union? Norderstedt: GRIN-Verlag, 2011. ISBN: 978-3640788033.
[UBA, 1999]	Umweltbundesamt: Bewertung in Ökobilanzen - Methode des Umweltbundesamtes zur Normierung von Wirkungsindikatoren, Ordnung (Rangbildung) von Wirkungskategorien ISO 14042 und 14043 (Version '99). Berlin: Umweltbundesamt, 1999.
[UBA, 2004]	Umweltbundesamt: Umweltsituation in Österreich - Siebenter Umweltkontrollbericht des Umweltministers an den Nationalrat. Wien, 2004. ISBN: 3-85457-737-0. S. 37-48.
[UBA2, 2004]	"International Workshop on Sustainable Chemistry - Integrated Management of Chemicals, Products and Processes", gemeinsamer Workshop von Umweltbundesamt, OECD, Bundesanstalt für Arbeitsschutz und Arbeitsmedizin und Bundesministerium für Umwelt, Naturschutz und Reaktorsicherheit vom 27. bis 29. Januar 2004 in Dessau.
[UBA, 2009]	Umweltbundesamt: Nachhaltige Chemie. Positionen und Kriterien des Umweltbundesamtes. Dessau: Eigenverlag, 2009.
[UBA, 2010]	Umweltbundesamt: Leitfaden nachhaltige Chemikalien. Dessau-Roßlau: Eigenverlag, 2010.
[UNEP/SETAC, 2009]	United Nations Environment Programme / Society of Environmental Toxicology and Chemistry: Guidelines for Social Life Cycle Assessment of Products. Gent (B): Druk in de Weer, 2009. ISBN: 978-92-807-3021-0.
[UNEP/SETAC, 2011]	United Nations Environment Programme / Society of Environmental Toxicology and Chemistry: Towards a Life Cycle Sustainability Assessment of Products - Making Informed

Choices on Products. New York: Eigenverlag. ISBN: 978-92-807-3175-0

[UNITED NATIONS, 1948]
United Nations: Allgemeine Erklärung der Menschenrechte Resolution 217 A (III) der Generalversammlung vom 10. Dezember 1948.

[UNITED NATIONS, 1987]
United Nations: Report of the World Commission on Environment and Development: Our Common Future. New York, 1987.

[VON LAER/SCHEER, 2002]
Von Laer, Hermann / Scheer, Klaus-Dieter: Nachhaltigkeit - Konzept für die Zukunft? Münster: Lit Verlag, 2002. ISBN: 978-3825862633.

[WHO, 1946]
Verfassung der Weltgesundheitsorganisation vom 22. Juli 1946

[WIESEL, 1987]
Wiesel, Elie: Die Antwort ist in unseren Händen. In: Schwencke, O. (Hrsg.): Erinnerung als Gegenwart. Elie Wiesel in Loccum. Freiburg: Rehburg-Loccum, 1987. ISBN: 978-3817225866, S. 189-199.

[WILLIMANN/EGLI-BROZ, 2010]
Willimann, Ivo / Egli-Broz, Helena: Ökologie: Einführung in die Wechselwirkungen zwischen Mensch und Natur: Lerntext, Aufgaben mit Lösungen und Kurztheorie. Wernetshausen (CH): Compendio Bildungsmedien, 2. Auflage, 2010. ISBN: 978-3715594460.

[WILSON, 1996]
Wilson, Mark G.: A comprehensive review of the effects of worksite health promotion on health-related outcomes: An update. In: American Journal of Health Promotion, 11 (1996), S. 107-108.

[WIRZ/HILDMANN, 2010]
Wirz, Stephan / Hildmann, Phillipp W.: Soziale Marktwirtschaft: Zukunfts- oder Auslaufmodell?: Ein ökonomischer, soziologischer, politischer und ethischer Diskurs. Zürich (CH): Theologischer Verlag, 2010. ISBN: 978-3290200596.

[WITTMANN, 2010]
Wittmann, Karl J.: Der Mensch in Umwelt, Familie und Gesellschaft: Ein Lehr- und Arbeitsbuch für den ersten Studienabschnitt Medizin. Wien (A): Facultas Universitätsverlag, 8. Auflage, 2010. ISBN: 978- 3708905396.

[WORBS, 2011]   Worbs, Dennis: Vom natürlichen zum urbanen Ökosystem: Die Auswirkungen der Siedlungstätigkeit auf die Veränderung des Naturhaushalts. München: GRIN-Verlag, 2011. ISBN: 978-3656068327.

[ZANGEMEISTER, 1976]   Zangemeister, Christof: Nutzwertanalyse in der Systemtechnik - Eine Methodik zur multidimensionalen Bewertung und Auswahl von Projektalternativen. Diss. Techn. Univ. Berlin München: Wittemann, 4. Auflage, 1970, ISBN: 3-923264-00-3.

[ZIEBERTZ, 2011]   Ziebertz, Hans-Georg: Praktische Theologie - empirisch: Methoden, Ergebnisse und Nutzen. Münster: LIT Verlag, 2011, ISBN: 9783643114945.

A. Anhang

A.1. Perspektiven unterschiedlicher Anspruchsgruppen

Es wurde ein Nachhaltigkeitsindikatorensystem entwickelt, mit dessen Hilfe die Nachhaltigkeit eines Stoffes mit der eines anderen verglichen und bewertet werden kann. Die Praktikabilität wurde im Rahmen eines Anwendungsbeispiels nachgewiesen. Bei Substitutionsentscheidungen im Rahmen der REACh-Verordnung sollen die entscheidenden Personen dazu befähigt werden, eine Substitution nicht nur REACh-konform durchzuführen, sondern diese Entscheidung auch unter Nachhaltigkeitsgesichtspunkten abzuwägen. Durch die Berücksichtigung von 25 Nachhaltigkeitsindikatoren aus allen drei Nachhaltigkeitsdimensionen ist eine solide Bewertungsmethode entstanden, deren Ansatz nicht einseitig auf einer der drei Nachhaltigkeitsdimensionen beruht. Der Single-Score-Ansatz setzt die Auswirkungen des Produktsystems des Substitutionskandidaten ins Verhältnis zu den Auswirkungen des Produktsystems des Ausgangsstoffes. Problematisch ist in diesem Zusammenhang der Ausgleich erheblicher Auswirkungen eines Produktsystems im Vergleich mit einem anderen durch ein geringeres Maß von Auswirkungen in einem weniger bedeutsamen Bereich.

Es musste also ein Werkzeug entwickelt werden, das alle relevanten Kriterien der Nachhaltigkeit berücksichtigt und die Auswirkungen der betroffenen Chemikalien auf die Umwelt quantifiziert. Im Rahmen der Entwicklung eines solchen Werkzeugs wurde der Nachhaltigkeitsgedanke mit der REACh-Verordnung verknüpft. Somit kann das eigentliche Ziel - die Förderung einer nachhaltigen Entwicklung - inhaltlich eher erreicht werden.

Mit der Entwicklung einer solchen Methode wird der Unternehmer in die Lage versetzt, nicht nur den Stoff mit weniger besorgniserregenden Eigenschaften im Bereich der Toxikologie als Substitutionsprodukt auszuwählen. Er kann das Substitutionsprodukt auswählen, das unter Nachhaltigkeitsgesichtspunkten die optimale Wahl darstellt. Die Resultate der verglichenen Chemikalien sind transparent und eindeutig zu gestalten, sodass auch ein unerfahrener Anwender in die Lage versetzt wird, die „richtige" Substitutionsentscheidung zu treffen.

Die zuständige Behörde kann die Substitutionsentscheidung des Unternehmers nachvollziehen, ggf. ablehnen oder relativ leicht ein alternatives Substitutionsprodukt benennen. Darüber hinaus kann sie bei suboptimaler Auswahl des Substitutionsproduktes ein Verbotsverfahren für die Verwendung des Substitutionsproduktes in diesem konkreten Fall anstrengen.

Die Öffentlichkeit und die NGOs sind erfahrungsgemäß die kritischsten Stakeholder und kommen ihrem Auftrag der öffentlichen Information besonders wirksam nach. Durch die Installation der Methode „SusDec" wird die Substitutionsentscheidung für die Öffentlichkeit transparent und nachvollziehbar, so dass mit einer Steigerung der Akzeptanz gerechnet werden kann.

Die einzelnen Stakeholder werden die identifizierten Nachhaltigkeitskriterien unterschiedlich gewichten, so dass unterschiedliche Substitutionsentscheidungen getroffen würden. Die Gewichtung in der Methode muss deshalb einen von allen Seiten anerkannten Kompromiss darstellen.

Die einzelnen Stakeholder haben unterschiedliche Interessen, die im Spannungsfeld, wenn nicht sogar im Widerspruch zu einander stehen. Ziel der zu entwickelnden Methode musste es deshalb sein, die einzelnen Stakeholder in die Lage zu versetzen, ihre berechtigten Interessen wahren zu können.

Die REACh-Verordnung berücksichtigt das Prinzip der Substitution. Besonders besorgniserregende Stoffe müssen hiernach durch weniger gefährliche Stoffe ersetzt werden. Somit werden die Sicherheit und der Gesundheitsschutz verbessert und das Schutzniveau für die Umwelt erhöht. Das Regulierungssystem unter REACh ist aber nur eindimensional und berücksichtigt ausschließlich toxikologische und ökotoxikologische Aspekte. Wie beschrieben, ist eine sichere Anwendung bewiesen, wenn der DNEL unterschritten wird.

Um den sich aus den unterschiedlichen Positionen der verschiedenen Anspruchsgruppen ergebenen Grenzwerteffekt bei der Untersuchung und Bewertung der Nachhaltigkeit von Chemikalien zu beseitigen, wurde ein Wichtungsfaktor eingeführt. Die Diskussion um die Nutzung der Kernenergie und deren Konsequenzen erhielt in der jüngsten Vergangenheit durch den zuvor wenig wahrscheinlich scheinenden Eintritt des GAU in einem Kernreaktor in Fukujima/Japan neue Dynamik. Dies ist ein besonders gutes Beispiel dafür, dass sich der Wichtungsfaktor über die Zeit und beeinflusst durch die gesellschaftliche Wahrnehmung verändert. Weiterhin ist der Wichtungsfaktor abhängig von der jeweils betroffenen Anspruchsgruppe. Unter anderem können dies folgende fünf verschiedene Anspruchsgruppen sein:

- Bevölkerung
- Beschäftigte
- Politik
- Unternehmen
- Non-Governmental Organizations

A.1.1. Bevölkerung

Das verfassungsmäßige Recht der Bevölkerung der Bundesrepublik auf körperliche Unversehrtheit ist in Art. 2 Abs. 2 Satz 1 des Grundgesetzes niedergeschrieben. Auch in der Europäischen Union hat die Bevölkerung nach Art. 9 AEUV ein Anrecht auf ein hohes Niveau des Gesundheitsschutzes. Dies lässt den Schluss zu, dass die Bevölkerung ein großes Interesse an einer gesunden und lebenswerten Umwelt und ein daraus resultierendes langes und gesundes Leben hat. Der Bevölkerung als Konsumenten kommt bei der Umsetzung dieses Interesses eine besondere Bedeutung zu. Sie kann durch gezielte Nachfrage nachhaltigerer Produkte das Verhalten der betroffenen Unternehmen indirekt beeinflussen.

Dementsprechend sind die Nachhaltigkeitsindikatoren „vorzeitige Sterblichkeit", „Emission von Ozonbildnern" und „Entstehen festen, nicht radioaktiven Abfalls" von besonderer Bedeutung für die Bevölkerung.

Die Bevölkerung wird den Nachhaltigkeitsindikatoren „Anteil der Ausgaben für Forschung und Entwicklung" und „Anzahl der Patentanmeldungen in einem definierten Zeitraum" einen geringeren Wert zumessen.

A.1.2. Beschäftigte

Die Beschäftigten haben ein ureigenes Interesse daran, nach getaner Arbeit sicher und gesund nach Hause zurückzukehren. Diese Komponente findet bereits in der Bibel Erwähnung und wurde im Zuge der Industrialisierung besonders wichtig, so dass entsprechende Sozialversicherungen und Aufsichtsbehörden in das System implementiert wurden. Darüber hinaus sind die Beschäftigten auf den wirtschaftlichen Erfolg ihres Unternehmens direkt angewiesen. Dies ist ihre Lebensgrundlage, so dass sie sich in Abhängigkeit befinden. Die Folge hiervon kann sein, dass sie daraufhin auch gesundheitlich unzuträgliche Arbeitsbedingungen in Kauf nehmen.

Insofern haben die Indikatoren der Kategorie „Sicherheit und Gesundheit bei der Arbeit" hohe Relevanz. Darüber hinaus sind die Indikatoren des Schutzgutes „Wirtschaftliche Teilhabe" wichtig. Eine besondere Rolle kommt auch der Kategorie „Innovation" zu, da das wirtschaftliche Fortkommen des Unternehmens und damit die Sicherheit von Arbeitsplätzen hiervon besonders abhängt.

A.1.3. Politik

Die politische Klasse und die von ihr durchgesetzte politische Richtung ist stark von gesellschaftlichen Strömungen abhängig. So können Einzelpersonen oder auch ganze Parteien von heute auf morgen ihre Position diametral verändern. Der zeitliche Zusammenhang zu Wahlen lässt sich in diesem Zusammenhang kaum leugnen.

Politische Ziele auf Ebene der Europäischen Union werden ausgegeben und auf nationaler Ebene durchgesetzt. Diese sind aber ebenfalls Änderungen unterworfen, so dass konkrete Festlegungen, welche Nachhaltigkeitsindikatoren besondere Bedeutung haben, nicht dauerhaft möglich sind. Im Verlauf dieser Untersuchung wurde die politische Motivation aller ausgewählten Nachhaltigkeitsindikatoren gezeigt.

A.1.4. Unternehmen

Die Unternehmen sind inzwischen durch den politischen und gesellschaftlichen Druck dazu übergegangen, sich Gedanken über die nachhaltige Entwicklung zu machen. Die größeren Unternehmen erstellen regelmäßig Nachhaltigkeitsberichte. Ein Beispiel hierfür ist die Siemens AG. Trotzdem herrscht gerade gegenüber den Unternehmen im Energiesektor ein in der Bevölkerung stetig wachsendes Misstrauen. Dies hängt mit den unterschiedlichen Ansätzen dieser beiden Anspruchsgruppen zusammen, die durchaus im Widerspruch stehen können.

Für die Unternehmen sind die ökonomisch motivierten Indikatoren von besonderer Relevanz. Hier lassen sich nicht nur indirekt nachhaltige Wachstumspotentiale nutzen, die den wirtschaftlichen Erfolg des Unternehmens erhöhen. Dies könnte wiederum ein positiveres Image erzeugen und damit das Ansehen des Unternehmens in der Öffentlichkeit verbessern. Darüber hinaus hat das Unternehmen ein ureigenes Interesse daran, die Zahl der tödlichen Arbeitsunfälle, schweren Arbeitsunfälle und arbeitsbedingter Erkrankungen möglichst klein zu halten. Die zu ergreifenden Maßnahmen sind aus Unternehmenssicht aber einer Kosten-Nutzen-Analyse zu unterziehen.

Weniger relevant sind für die Unternehmen die „tatsächliche Arbeitszeit", die „sozialversicherungspflichtige Beschäftigung" und die „Einkommensentwicklung" - auch wenn große Erwartungen darin liegen - oder der Ausstoß von Emissionen und Abfallströmen. Dem Ausstoß von Emissionen und Abfallströmen kann aber eine höhere Bedeutung zukommen, wenn er mit Instrumenten der direkten oder indirekten Verhaltenssteuerung belegt ist.

A.1.5. Non-Governmental Organizations

Die Funktionen der Nichtregierungsorganisationen sind vielschichtig. Sehr allgemein formuliert treten die NGO als Mittlerorganisationen und Dienstleister auf. Diese Systematisierung ist aber umstritten. Letztendlich verstehen sich die NGO als gesellschaftliche Interessenvertretung gegenüber Politik und Unternehmen. So werden durch die NGO gesellschaftliche Interessen artikuliert und aggregiert. Im nächsten Schritt erfolgt die Implementierung dieser Interessen im gesellschaftlichen Alltag. Die politischen Entscheidungsträger stellen in der Regel finanzielle Mittel zur Verfügung, damit neue rechtliche Normen entwickelt und vollzogen werden können. Hier können sich die NGO um diese Mittel bewerben und bei der Normgebung und der Umsetzung dieser Normen helfen. Die NGO existieren in vielerlei Bereichen und verfolgen unterschiedliche Ziele. Seit den 1980er Jahren transformiert sich das Bild des bei einer NGO Engagierten vom ehrenamtlich Tätigen hin zum hauptamtlich Beschäftigten.

Je nach thematischer Ausrichtung der NGO stehen unterschiedliche Nachhaltigkeitsindikatoren im Vordergrund. Die NGO Greenpeace legt großen Wert auf die ökologischen Nachhaltigkeitsindikatoren. Die OECD legt großen Wert auf die ökonomische Dimension der Nachhaltigkeit. Im Fokus des Paritätischen Wohlfahrtsverbands liegen insbesondere die sozialen Verhältnisse. Insofern ist auch hier eine einheitliche Festsetzung der Wichtungsfaktoren nicht zu erwarten.

Die Rolle der NGO bei der Bildung der öffentlichen Meinung, ihrer Artikulation und ihrer Durchsetzung ist nicht zu unterschätzen.

A.2. The Twelve Principles of Green Chemistry

[ANASTAS/WARNER, 1998]

1. Prevention	It is better to prevent waste than to treat or clean up waste after it has been created.
2. Atom Economy	Synthetic methods should be designed to maximize the incorporation of all materials used in the process into the final product.
3. Less Hazardous Chemical Syntheses	Wherever practicable, synthetic methods should be designed to use and generate substances that possess little or no toxicity to human health and the environment.
4. Designing Safer Chemicals	Chemical products should be designed to effect their desired function while minimizing their toxicity.
5. Safer Solvents and Auxiliaries	The use of auxiliary substances (e.g., solvents, separation agents, etc.) should be made unnecessary wherever possible and innocuous when used.
6. Design for Energy Efficiency	Energy requirements of chemical processes should be recognized for their environmental and economic impacts and should be minimized. If possible, synthetic methods should be conducted at ambient temperature and pressure.
7. Use of Renewable Feedstocks	A raw material or feedstock should be renewable rather than depleting whenever technically and economically practicable.
8. Reduce Derivatives	Unnecessary derivatization (use of blocking groups, protection/deprotection, temporary modification of physical/chemical processes) should be minimized or avoided if possible, because such steps require additional reagents and can generate waste.
9. Catalysis	Catalytic reagents (as selective as possible) are superior to stochiometric reagents.
10. Design for Degradation	Chemical products should be designed so that at the end of their function they break down into innocuous degradation products and do not persist in the environment.
11. Real-time analysis for Pollution Prevention	Analytical methodologies need to be further developed to allow for real-time, in-process monitoring and control prior to the formation of hazardous substances.
12. Inherently Safer Chemistry for Accident Prevention	Substances and the form of a substance used in a chemical process should be chosen to minimize the potential for chemical accidents, including releases, explosions, and fires.

A.3. Zwölf Leitgedanken der IVU-Richtlinie zum Stand der besten verfügbaren Technik

RL 2008/1/EG Anhang IV:

1. Einsatz abfallarmer Technologien
2. Einsatz weniger gefährlicher Stoffe
3. Förderung der Rückgewinnung und Wiederverwertung der bei den einzelnen Verfahren erzeugten und verwendeten Stoffe und gegebenenfalls der Abfälle
4. Vergleichbare Verfahren, Vorrichtungen und Betriebsmethoden, die mit Erfolg im industriellen Maßstab erprobt wurden
5. Fortschritte in der Technologie und in den wissenschaftlichen Erkenntnissen
6. Art, Auswirkungen und Menge der jeweiligen Emissionen
7. Zeitpunkte der Inbetriebnahme der neuen oder der bestehenden Anlagen
8. Für die Einführung einer besseren verfügbaren Technik erforderliche Zeit
9. Verbrauch an Rohstoffen und Art der bei den einzelnen Verfahren verwendeten Rohstoffe (einschließlich Wasser) sowie Energieeffizienz
10. Die Notwendigkeit, die Gesamtwirkung der Emissionen und die Gefahren für die Umwelt so weit wie möglich zu vermeiden oder zu verringern
11. Die Notwendigkeit, Unfällen vorzubeugen und deren Folgen für die Umwelt zu verringern
12. Die von der Kommission gemäß Artikel 16 Absatz 2 oder von internationalen Organisationen veröffentlichten Informationen

A.4. Vertiefte Kriterien des Umweltbundesamtes (UBA) für die nachhaltige Chemie

[UBA2, 2004]

Qualitative Entwicklung: Ungefährliche Stoffe oder - wo dies nicht möglich ist - Stoffe mit geringer Gefährlichkeit für Mensch und Umwelt einsetzen und ressourcenschonend produzierte sowie langlebige Produkte herstellen.

Quantitative Entwicklung: Verbrauch natürlicher Ressourcen verringern, die möglichst erneuerbar sein sollten; Emissionen oder Einträge von Chemikalien oder Schadstoffen in die Umwelt vermeiden oder - falls dieses nicht möglich sein sollte - diese verringern; solche Maßnahmen helfen, Kosten zu sparen.

Umfassende Lebensweg-betrachtung: Analyse von Rohstoffgewinnung, Herstellung, Weiterverarbeitung, Anwendung und Entsorgung von Chemikalien und ausgedienter Produkte, um den Ressourcen- und Energieverbrauch zu senken und gefährliche Stoffe zu vermeiden.

Aktion statt Reaktion: Bereits bei der Entwicklung und vor der Vermarktung von Chemikalien vermeiden, dass diese während ihres Lebenswegs Umwelt und menschliche Gesundheit gefährden und die Umwelt als Quelle oder Senke überbeanspruchen; Schadenskosten und damit wirtschaftliche Risiken der Unternehmen und Sanierungskosten für den Staat vermindern.

Wirtschaftliche Innovation: Nachhaltige Chemikalien, Produkte und Produktionsweisen schaffen Vertrauen bei industriellen Anwender, privaten Konsumentinnen und Konsumenten, sowie staatlichen Kunden und erschließen damit Wettbewerbsvorteile.

A.5. Goldene Regeln für nachhaltige Chemie

[UBA, 2010]

1. Nehmen Sie möglichst nur Stoffe, die sich nicht auf einer Problemstoffliste befinden!

2. Beschäftigen Sie sich eingehend mit den Verwendungen und möglichen Nutzern des Stoffes als solchem, in Gemischen und in Erzeugnisse und übernehmen Sie die Verantwortung für mögliche Konsequenzen seiner Nutzung. Betrachten Sie niemals den Stoff isoliert, sondern durchdenken Sie seinen gesamten Lebensweg, um eine Bewertung durchzuführen.

3. Verwenden Sie möglichst nur Stoffe, die nicht gesundheitsschädlich sind (insbesondere keine, die als krebserzeugend, mutagen oder reprotoxisch gekennzeichnet sind), in der Umwelt rasch abgebaut werden, nicht bioakkumulieren und sich nicht weit verteilen!

4. Bevorzugen Sie Stoffe, an denen kein Mangel besteht bzw. die aus nachwachsenden Rohstoffen hergestellt werden.

5. Vermeiden Sie lange Transportwege in der gesammelte Lieferkette, insbesondere von Stoffen, die Sie in großen Mengen einsetzen!

6. Achten Sie bei Stoffen, die Sie in hohen Mengen einsetzen, auf einen niedrigen Energie- und Wasserverbrauch bei ihrer Herstellung sowie auf ein niedriges Abfallaufkommen bei der Herstellung und Verwendung!

7. Verwenden Sie möglichst keine Stoffe, die nach dem Einfachen Maßnahmenkonzept Gefahrstoffe (EMKG) ein hohes Maß an Risikomanagement erfordern!

8. Achten Sie in Ihrem Unternehmen und bei Ihren Lieferanten auf die Einhaltung anspruchsvoller Umwelt- und Sozialstandards. Verwenden Sie möglichst nur Stoffe, deren Lieferkette Sie nachvollziehen können und deren Akteure sich der Nachhaltigkeit verpflichtet haben!

9. Von Ihren Lieferanten sollten für mengenmäßig bedeutende Stoffe Umweltproduktdeklarationen erarbeitet werden. In Ihnen wird dargestellt, wie hoch der mit der Herstellung eines Stoffes verbundene Rohstoff- und Energieeinsatz und die Treibhausgas-Freisetzungen sind. Erstellen Sie nach Möglichkeit selbst Umweltproduktdeklarationen, um die Nachhaltigkeit Ihrer Produkte zu dokumentieren.

10. Führen Sie für Ihre Stoffe und Produkte, die Sie auf den Markt bringen wollen, langfristige und vor allem unabhängige Studien zu Umwelt- und Gesundheitsgefahren durch und machen Sie Inhalt und Umfang dieser Tests transparent.

A.6. Vergleich der vorhandenen Konzepte mit Kriterien für nachhaltige Chemikalien

[BUNKE, et. al., 2010]

	Short Range Chemicals	EMKG	UBA Nachhaltige Chemie	Benign by design
Kriterien für die Bewertung der Nachhaltigkeit	Persistenz (>90 Tage), räumliche Reichweite (CTD > 500km); (Toxizität, Entflammbarkeit, Emissionsverhalten, etc.)	Gefahreneinstufung (Xi, Xn, C, T, T+), R-Sätze (bezogen auf Tox) und AGW, (eingesetzte Menge, Freisetzungsverhalten)	Inhärente Sicherheit ((Öko-) Tox, Umwelt), Spezifischer Ressourcenbedarf, Ausbeute und Atomökonomie, Umweltbelastungen, Vertretbare Funktionalität	Möglichst vollständiger Abbau/ Mineralisierung der Stoffe nach der Erfüllung ihrer Funktion
Schwerpunktsetzung	Chemikalien; Umweltschutz, (Arbeitsschutz)	Gefahrstoffe; Arbeitsschutz	Chemikalien und Prozesse; Umweltschutz; Nachhaltigkeit in der chemischen Wertschöpfungskette	Gezielte Entwicklung gut abbaubarer Chemikalien
Adressat	Hersteller und (indust./prof.) Anwender	indust./prof. Anwender, v.a. in KMUs	Hersteller und (indust./prof.) Anwender	Primär Hersteller von Stoffen
Lebenszyklusabschnitt	Alle Abschnitte, in denen es zu Stoff-Freisetzungen kommen kann	Anwendung	Alle Lebenszyklusabschnitte	Stoffsynthese
Erforderliche Informationen	Intrinsische Stoffeigenschaften wie Abbaubarkeit, Verteilungskoeffizienten, Toxizitätsendpunkte	Gefahrensymbole, Einstufung (R-Sätze) und AGW, Freisetzungsvermögen (z.B. Siedepunkt,	Intrinsische Stoffeigenschaften wie Abbaubarkeit und Toxizitätsendpunkte; Spezifischer	Vorhersagen zur Abbaubarkeit

Abbildung A.1: Vergleich der vorhandenen Konzepte mit Kriterien für Nachhaltige Chemikalien

	Short Range Chemicals	EMKG	UBA Nachhaltige Chemie	Benign by design
Ziele	„kurzreichweitige" Stoffe mit geringem negativen Wirkpotential	Staubungsverhalten, Verwendete Mengen, Art und Umfang Hautkontakt / Sichere Anwendung von Gefahrstoffen	Ressourcenbedarf (Energie, Roh- und Hilfsstoffe) Ausbeute bei der Herstellung Atomökonomie der Herstellungsreaktion / Schädliche Emissionen vermeiden; Ressourcen in geringst möglichem Umfang beanspruchen	Bereits bei der Entwicklung neuer (Wirkstoff-)Strukturen einen raschen und vollständigen Abbaus nach der Erfüllung der Funktion sicher stellen
Bezug zu den 5 generellen Prinzipien für eine nachhaltige Chemie gemäß UBA	Qualitative Entwicklung, Quantitative Entwicklung, Aktion statt Reaktion, Wirtschaftliche Innovation	Qualitative Entwicklung, Quantitative Entwicklung, Aktion statt Reaktion, Wirtschaftliche Innovation	Bezug zu allen Prinzipien	Aktion statt Reaktion, (Qualitative Entwicklung, Wirtschaftliche Innovation)
Bezug zu den Charakteristika für inhärent sichere Chemikalien	Inhärent sichere Chemikalien sind Teil des Konzepts	Maßnahmenbedarf hängt von Gefährdungseinstufung ab: inhärent sichere Maßnahmen würden keiner Maßnahmen bedürfen	Inhärent sichere Chemikalien sind Teil des Konzepts	Die Synthese inhärent sicherer Chemikalien ist der Kern des Ansatzes.
Verfügbarkeit von Beispielen	Ja	Ja	Ja	Ja

Abbildung A.2: Vergleich der vorhandenen Konzepte mit Kriterien für Nachhaltige Chemikalien - Fortsetzung

A.7. Auflistung der Schutzgüter, Kategorien und Nachhaltigkeitsindikatoren unter „SusDec"

Schutzgut:	Kategorie:	Nachhaltigkeitsindikator:
Menschliche Gesundheit		
	Sicherheit bei der Arbeit	
		Krankheitstage durch Arbeitsunfälle
		Tödliche Arbeitsunfälle
	Gesundheitsschutz bei der Arbeit	
		Berufskrankheiten
		Produktion und Verwendung gefährlicher Stoffe
		Aufwendungen für betriebliche Gesundheitsförderung
		vorzeitige Sterblichkeit
		tatsächliche Arbeitszeit
Struktur und Funktion der Ökosysteme		
	Emissionen	Emission von Säurebildern, Kondensationskernen für Feinstaub und Ozonvorläufersubstanzen
		Emission von Treibhausgasen
		Emission von Ozonbildnern
		Emission von besonders besorgniserregenden Stoffen (SVHC)

	Abfälle	
		Entstehen festen, nicht radioaktiven Abfalls
Natürliche Ressourcen		
	Ressourcenverbrauch	
		Primärenergieverbrauch
		Anteil erneuerbarer Energien
		Flächenverbrauch
	Ressourcenproduktivität	
		Energieproduktivität
		Rohstoffproduktivität
Wirtschaftlicher Wohlstand		
	Innovation	
		Anteil der Ausgaben für Forschung und Entwicklung
		Anzahl der Patentanmeldungen in einem definierten Zeitraum
	Wirtschaftliche Teilhabe	Sozialversicherungspflichtige Beschäftigung
		Einkommensentwicklung
	Gleichbehandlung von Mann und Frau	Verdienstrückstand Mann/Frau bei gleicher Tätigkeit
		Aufwendungen für Vereinbarkeit von Beruf und Familie

A.8. Vorschlag für eine Vorgehensweise bei der Gefährdungsbeurteilung für Tätigkeiten mit Gefahrstoffen nach Anlage 1 TRGS 400

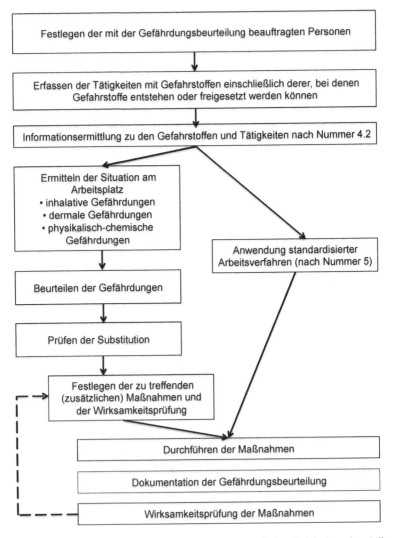

Abbildung A.3: Vorschlag für eine Vorgehensweise bei der Gefährdungsbeurteilung für Tätigkeiten mit Gefahrstoffen

Printed in the United States
By Bookmasters